探索發現

礦物
與寶石

MINERAL & GEMSTONES

〔法〕**François Farges** 著

萬里機構·萬里書店

This book published originally under the title **A la découverte des minéraux et des pierres précieuse**, by François Farges (2013) © **Dunod/Muséum national d'Histoire naturelle, Paris, vintage (2011, or 2012, or 2013)**

DUNOD Editeur – 5, rue Laromiguière-75005 PARIS.

Traditional Chinese language translation rights arranged through Divas International, Paris
巴黎迪法國際版權代理（www.divas-books.com）

本書譯文由上海科學技術出版社授權出版使用。

探索發現

礦物與寶石

編著
François Farges

插畫
Delphine Zigoni

譯者
史瀟瀟

編輯
龍鴻波

封面設計
妙妙

版面設計
萬里機構製作部

出版者
萬里機構‧萬里書店
香港鰂魚涌英皇道1065號東達中心1305室
電話：2564 7511　　傳真：2565 5539
網址：http://www.wanlibk.com

發行者
香港聯合書刊物流有限公司
香港新界大埔汀麗路36號中華商務印刷大廈3字樓
電話：2150 2100　　傳真：2407 3062
電郵：info@suplogistics.com.hk

承印者
中華商務彩色印刷有限公司

出版日期
二〇一五年六月第一次印刷

萬里機構

萬里 Facebook

目錄

第二章：認識礦物與寶石

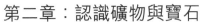

閱讀說明

──探索礦物與寶石──

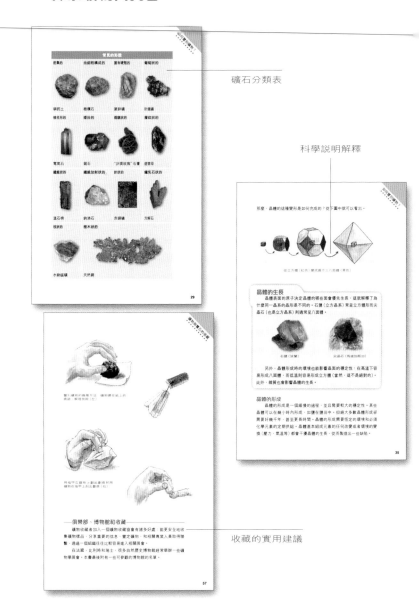

礦石分類表

科學說明解釋

收藏的實用建議

認識礦物與寶石

最常見品種

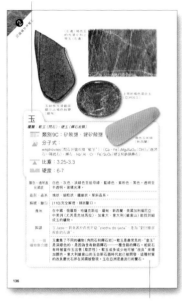

石英礦脈裡包裹著孔雀石

藍銅礦和藍銅石（鐘乳石）（來自法國摩洛州[Lot]）

藍銅礦（上萊茵省[Haut-Rhin]）

藍銅礦和孔雀石
藍銅礦（隆河省[Rhône]）

- 類別5：碳酸鹽和硝酸鹽
- 分子式：藍銅礦 $Cu_3(CO_3)_2(OH)_2$、孔雀石 $Cu_2(CO_3)(OH)_2$
- 比重：4.7
- 硬度：3.5-4

顏色、透明度、光澤度：淺藍色至深藍色、微藍至墨黑色（藍銅礦）；淺綠色至深綠色（孔雀石）；不透明至半透明；玻璃光澤。
晶形、晶系：貝形、結殼狀、鐘乳石、纖維柱狀（像孔雀石）；晶體是柱狀形、片狀、單斜晶系。
解理、斷口：{011}極完全解理（藍銅礦）或{201}極完全解理（孔雀石）、貝殼狀斷口或成土狀斷口（孔雀石）參差狀斷口。

84

玉
硬度：軟玉（閃石）；硬土（輝玉礦）
軟玉（中國玉）的光滑片和之瑋玉（軟玉）

- 類別9C：矽酸鹽、鏈矽酸鹽
- 分子式：amphiboles（閃石的礦物族「軟玉」）：$(Ca \cdot Fe) \cdot Mg_5Si_8O_{22}(OH)_2$（透輝石-纖維石）；輝石「硬玉」：$Na(Al \cdot Cr \cdot Fe)Si_2O_6$（硬玉和鐵鎂輝石。）
- 比重：3.25-3.3
- 硬度：6-7

顏色、透明度、光澤度：白色、灰色、淺綠色至祖母綠、藍綠色、素粉色、黑色、透明至半透明；蠟質光澤。
晶形、晶系：塊狀、纖粒狀、纖維狀、單斜晶系。
解理、斷口：{110}完全解理、裂碎斷口。
產地：在中國、俄羅斯、哈薩克斯坦、緬甸、新西蘭、美國加利福尼亞。中美洲（尤其是危地馬拉）；加拿大、意大利（皮蒙山）能找到綠玉的礦物。
詞源：「Jade」一詞源於西班牙語「piedra de ijada」，意為「防腎臟疼痛的石頭」。

玉——種礦物雜質：玉是最常見的一種礦物，顏色種類多。軟玉是最常見的，「皇玉」是深綠色的，是因為有鉻的關係。軟玉在新石器時代就已被開發，這種材質的改良歷久在英國被發現，玉在亞洲是最流行的寶石。

136

鑒別主要標準

 化學分類

 化學式

密度

硬度

能讓你了解更多的礦石解釋

實用指南

實用指南

- Dictionnaire de géologie，A.Foucault etJ.-F. Raoult, Dunod, 7e éd. (2010).
- Sur les sentiers de la géologie, A. Foucault, Dunod (2011).
- Larousse des minéraux, H. -J. Schubnel, Larousse (1981).
- Minéraux remarquables, J.-C. Bouilliard, Le Pommier et BRGM (2010).
- Le cristal et ses doubles, J.-C. Bouilliard, CNRS Éditions (2010).
- Guide Delachaux des minéraux, O.Johnsera, Delachaux et Niestlé.
- Ce que disent les minéraux, P. Cordier et H. Leroux, Belin Pour la science (2008).
- Inventaires minéralogiques,（une douzaine de déparements），BRGM.
- Larousse des pierres précieuses, P. Bariand etJ.-P. Poirot, Larousse (2004).
- Guide des pierres précieuses, pierres fines et ornementales, W. Schumann, Delachaux et Niestlé,14 éd. (2009).

網站

- www.geopolis.fr：法國聯盟地球科學角色的門戶網站
- www.mineral-hub.net：博物館名單、銷售、購買⋯⋯
- www.brgm.fr：地質和礦業研究部網站
- www.museum-mineral.fr：礦物學長廊
- www.musee.ensmp.fr：ParisTech礦物畫集（前巴黎國立礦物高等院校）

194

供礦石愛好者的博物館/組織地址及網址

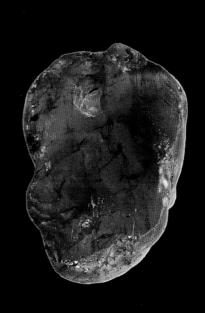

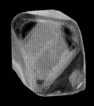

第一章 ●

探索
礦物與寶石

礦物是什麼？

　　礦物學的發展在最近取得了一個重要的飛躍，而大多數人對此卻並不瞭解。可以說礦物學已經成為了一門集多個學科為一體的科學，在各種科學研討中被屢屢提及。從星球和生命的起源到經濟和政治戰略再到高科技材料、環境與物種多樣性保護，從文化遺產到人體健康維護，都與礦物學息息相關。礦物學的社會重要性已經使這門古老的學科出現了新的轉變。

——何謂礦物——

　　何謂礦物？對於很多人來說，礦物這個科學術語是指石塊，堅硬沉重，毫無生機；偶有礦物能形成透明、有光澤的寶石。然而事實上，礦物是豐富而充滿魅力的。

　　礦物的定義自古以來就是多變的，礦物學並不是一門一成不變的學科。人們越是利用日益精密的儀器去研究礦物的多樣性，重新確定自然界中各色各樣的礦物的定義之難度也就越大。

同一種礦物（綠柱石）的六個種類：
1.透綠柱石（巴西）　2.海藍寶石（巴西）　3.祖母綠（哥倫比亞）
4.銫綠柱石（巴西）　5.金綠柱石（馬達加斯加）　6.紅綠柱石（美國猶他州）

結構、產地和成分

有些專家認為礦物是一種天然形成的無機晶體，是在地球化學過程中形成的，如石英和長石是由堅固恆定的原子排列組成，它們會無窮無盡地再生，形成晶體，它們的原子結構被稱為是週期性的。相反，對於另一些專家而言，水銀（液態汞）不是一種礦物，它是液態的，因而不是晶體，是非晶形的。然而國際礦物學協會卻認為水銀完全屬於礦物。如今我們知道水銀並不像人們原本認為的那樣非晶形，在這種液體中，汞原子是緊密連接的，就像水晶一樣（而且"液態水晶"就存在於電腦屏幕中），區別只是這種原子結構不像石英或方解石的原子結構一樣具有週期性，而是經常變化的。因此，水銀並不比水晶無序，這兩種物質是同一些分子和原子結構的不同組織形式。

純粹的礦物只佔人類目前所知的礦物世界的一小部分。如今所知的很多方解石並不純粹是由礦物組成的，而是有機的，它們是38億年前自地球上出現生命以來由微生物氤氳而成的。

比如，水草酸鈣石，一種從最深的礦床中採集出來的天然結晶的草酸鹽，在化學上是有機的，是一種有機礦物。同樣的，冰糖也能形成漂亮的晶體，是一種有機組成，由於它基本上由蔗糖組成，且不存在於岩石中，因而不被認為是一種礦物。

水草酸鈣石晶體

朱砂中的水銀

工業蔗糖晶體

11

礦物的定義

礦物學的最新發現給人們帶來了很多新的認知，但同時也帶來了不少疑惑：晶體是礦物唯一可能的原子結構形式嗎？人們是否應該把地理的多樣性局限於地表，而排除地球深處或外星球的礦物？這些問題的答案是否定的。

金剛石（南非）　　　　　　　　　石墨（摩洛哥）

由同一種成分（碳）形成的兩種不同的礦物，其屬性截然相反

礦物學的最新研究認為，對於一種礦物的定義應該延伸到所有在化學上同質的、具有原子結構的、在地球化學過程中形成的地質學物質。

礦物與岩石的區別

岩石通常被定義為一種或多種礦物的集合體。因此，花崗岩基本是由肉眼可見的石英、長石和雲母的晶體組成的。石英岩幾乎僅由石英粒子組成。石灰岩則是由許多非常小的方解石晶體組成。相反，偉晶岩是由大體積的石英、長石和雲母礦物組成的岩石。

岩石晶體（巴西）

玻璃石英（巴西）

微晶石英（馬達加斯加）

岩石（石英岩，美國）

同一種礦物的四種不同形態

有機岩石與礦物的區別

有些礦物學家把礦物和有機岩石區分開來。有機岩石與礦物相像卻不同。例如，琥珀並不是一種礦物，因為它是樹脂化石，由大量混合有機物組成。因此我們可以把琥珀定義為有機岩石。但琥珀被寶石學家認為是一種寶石，正如碧璽或黃玉。另一種常見的有機岩石是乳白石，乳白石實際上是一種岩石，由不同形狀的矽石組成，而對於寶石學家來說，它也是一種寶石。然而在歷史上我們一直把它歸為礦物。

琥珀（波羅的海）　　　乳白石（墨西哥）

有機岩石示例

——礦物是有機物——

如今，礦物之所以具有多樣性的原因被認為是由於地表存在大量的水。水使原始礦物變質，把大量離子釋放出來，重新組成不溶於水的新礦物（黏土、水鐵礦）和可溶解鹽（鈉、鈣、鎂等），水因此被礦化了。生命的發展也是礦物具有多樣性的原因：35億年前，海洋藍藻的出現使大氣中的氧氣含量大大增加，這就使原始地球中含有的礦物被氧化了，數以百計的新礦物（硫酸鹽、砷酸鹽等）形成了。層疊石、海綿、藻類、珊瑚以及其他貝殼類動物從礦化的水中分離出大量的碳酸鹽。微生物還有助於形成黏土等在宇宙中很稀有的礦物。

進行中的礦化作用的兩個例子：
貝殼和珊瑚，主要由霰石形成

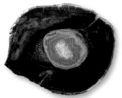

恐龍股骨化石瑪瑙截面（美國）

鈣化海綿

海綠石針葉樹樹幹

已經完成的礦化作用的三個例子

　　地球上已知的礦物種類中有超過四分之三未見於月球或小行星。但月球和小行星中卻蘊含大量已經消失於地球表面的原始礦物，比如稀有的碳化物碳矽石。這使得月球表面的顏色很少。火星蘊含的礦物種類比月球豐富，位列月球與地球之間，因為火星表面富含月

月球和火星的表面，照片分別由 1972 年阿波羅 17 號和 2012 年的火星實驗室發回

球上所沒有的氫氧化物、黏土和硫酸鹽。因此火星上各種礦物的顏
色較月球更豐富，但仍未超過地球。

——礦物的多樣性——

根據目前對礦物的定義，現有超過4750種不同的礦物。並且每
年都會新發現幾十種新礦物。通常在一些形成於特殊地質時期的礦
床附近會發現一些非常微小的新礦物。然而發現新礦物的最重要的
途徑在於研究隕石，因為隕石裏蘊藏有已消失於地表的礦物。

另一些迄今為止很少被勘探出來的礦物是納米級的礦物（1納
米＝1/1000000毫米）和那些不結晶的礦物。用傳統的礦物學工具
無法探測到這些礦物，探測它們需要一系列複雜的工具，比如同步
輻射加速器是最近（20世紀90年代）才被研發使用的。儘管這些
礦物可能大量存在於地面，但對它們的瞭解卻非常有限。比如綠銹
（$Fe(II),Mg)_6Fe(III)_2(OH)_{18} \cdot 4H_2O$），於1996年才在布列塔尼被鑒定
出來，但它卻是一種非常常見的礦物。

大量未被勘探的新礦物就存在於我們附近，
例如在森林的地面

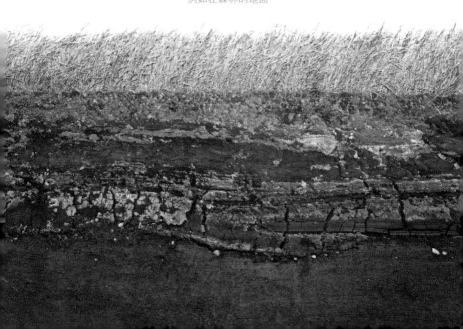

——礦物的術語——

現有的礦物名稱往往具有歷史悠久的來源：

- 金（Or）：來源於拉丁文 "aurum"。
- 藍寶石（Saphir）：來自於希伯來語 "sappîr"。
- 長石（Feldspath）：出自於日耳曼方言，意思是一種非金屬物質，"spath"，這種物質來自於土地 "feld"。

某些礦物是根據該礦物顯著的屬性而命名的：

- 磁鐵礦：具有磁性
- 藍銅礦：藍色
- 重晶石：稠密

藍寶石（越南）

針鐵礦
〔法國阿韋龍省（Aveyron）〕

重晶石
〔法國多姆山省（Dôme

或者由一個知名人士的名字衍生而來：

- 針鐵礦（Goethite）：Johann Wolfgang von Goethe (1749~1832)，德國作家。
- 板鉛鈾礦（Curite）、矽鎂鈾礦（sklodowskite）、矽銅鈾礦（cuprosklodowskite）：居里夫人〔Marie Curie-Sklodowska (1867~1934)〕，法籍波蘭人。

還有一些礦物名稱來源於地名：

- 瑪瑙（Agate）：Achátes，西西裏島的河流。
- 鈣鈾雲母（Autunite）：Autun，歐坦，位於索恩-盧瓦爾省。

另有一些礦物名稱是根據礦物的文化特性命名的:

- 綠松石(Turquoise):通常由土耳其(Turquie)人從古波斯進口。
- 高嶺土(Kaolin):出產於中國江西省的高嶺村,該地區以出產瓷器聞名。

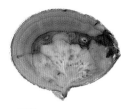

瑪瑙
(格蘭德河‧巴西)

流紋岩中的綠松石
(多姆山省)

準銅鈾雲母
(阿韋龍省)

還有一些礦物的名稱是由一些已知的礦物名稱改變而來的:

- 準銅鈾雲母(Métatorbernite):脫水的銅鈾雲母(torbernite)。
- 鐵斧石(Axinite-Fe):富含鐵(Fe)的斧石(Axinite)。

礦物的化學分類

目前,已知的4750種礦物是根據"Nickel-Strunz"系統分類的,這個系統自1982年開始到如今已是第10次修訂了。該系統把礦物分成10個類別,從1到10:

1	2	3	4
元素 (和碳化物、氮化物、矽化物、合金等)	硫化物和磺鹽 (和硒化物、銻化物、砷化物)	鹵化物 (和鹵氧化物)	氧化物和氫氧化物

金(美國加利福尼亞)

黃鐵礦(西班牙)

石鹽(葡萄牙)

石英(勃朗峰)

5	6	7	8
碳酸鹽和硝酸鹽	硼砂鹽	硫酸鹽、鉻酸鹽、鉬酸鹽、鎢酸鹽 (和硒酸鹽、鈮酸鹽、硫代硫酸鹽)	磷酸鹽、砷酸鹽和釩酸鹽
方解石(墨西哥)	硼砂(意大利)	磷灰石(墨西哥)	石膏(不明產地)

9	10
矽酸鹽 (和鍺酸鹽)(見下表)	有機礦物
	蜜蠟石(捷克共和國)

第1類礦物的結構是最簡單的,它們的初級原子互相結合。第2至10類礦物是由電離原子組成的,其中包括硫化物(第2類)、鹵化物(第3類)、由氧原子組成的礦物(第4至9類)以及由有機碳組成的礦物(第10類)。廣義上的氧化物包含狹義的氫氧化物(第4類)、碳酸鹽—硝酸鹽(第5類)、結構上與磷酸鹽(第8類)和矽酸鹽(第9類)非常接近的硼砂鹽(第6類)以及氧化程度很高的礦物硫酸鹽。

第9類:矽酸鹽

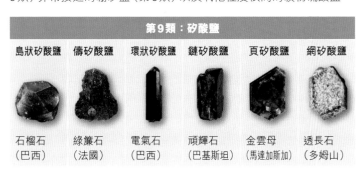

島狀矽酸鹽	儔矽酸鹽	環狀矽酸鹽	鏈矽酸鹽	頁矽酸鹽	網矽酸鹽
石榴石(巴西)	綠簾石(法國)	電氣石(巴西)	頑輝石(巴基斯坦)	金雲母(馬達加斯加)	透長石(多姆山)

矽酸鹽

　　矽酸鹽是礦物中種類最多的一種（4750種礦物中佔1350種），我們把這種礦物再細分成6個小類：

- 9A類：島狀矽酸鹽（約有190種），它們的矽酸鹽基是分離的。
- 9B類：儔矽酸鹽（約190種），由成對的矽酸鹽基組成。
- 9C類：環狀矽酸鹽（約170種），由3、4、6、8或12個矽酸鹽基組成。
- 9D類：鏈矽酸鹽（約320種），矽酸鹽基呈鏈狀。
- 9E類：頁矽酸鹽（約250種），矽酸鹽基成平面狀。
- 9F類：網矽酸鹽（約200種），矽酸鹽基成三維結構
- 9G類：未歸類或不可歸類的的矽酸鹽（約25種）。
- 9H類：鍺酸鹽（目前發現約有5種）

9A：島狀矽酸鹽

9B：儔矽酸鹽

9C：環狀矽酸鹽

9D：鏈矽酸鹽

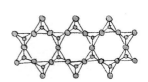
9E：頁矽酸鹽

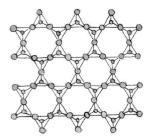
9F：網矽酸鹽

矽酸鹽基的原子結構圖

如何鑒別礦物？

　　鑒別礦物要比辨別菌類或鳥類複雜得多。對於很多專家來說，這項任務是艱巨的，出現錯誤也很平常。礦物學家面臨的第一個問題就是要把那些看似不同的樣本歸為同一類。這就需要礦物學家們耐心地收集、觀察、核對、討論、閱讀和熟記，還需要研究和量化樣本的物理和化學屬性以及它們所處的地理環境。

——第一步：物理屬性——

顏色

　　顏色是礦物的物理屬性中最明顯的。礦物的顏色豐富，紅橙黃綠青藍紫都有。顏色取決於礦物吸收的光。因此，一種礦物吸收的紅光比藍光要多的話，它就呈現藍色，而如果一種礦物吸收了陽光的各種長波（從藍色到紅色），那麼它會呈現黑色（赤鐵礦、電氣石等等）。

　　礦物學家必須清晰地分辨各種細微的色差。

無色
〔上盧瓦爾省
（Langeac, Haute Loire）〕

藍色
〔孚日省（Urbès, Vosges）〕

紫色（英國）

綠色（英國）

黃色（德國）

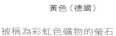

被稱為彩虹色礦物的螢石

玫瑰紅
〔霞慕尼，上薩爾瓦省
（Chamonix, Haute Savoie）〕

顏色之源

　　礦物呈現某種顏色原理既簡單，又複雜。紅寶石和鈣鉻榴石都是被鉻着色的，但紅寶石是紅色的，而鈣鉻榴石卻是綠色的。這説明兩種礦物的結構會影響鉻對它們的着色。

切割後的紅寶石（5克拉）

鈣鉻榴石（西伯利亞）

　　顏色還取決於着色離子的氧化還原情況。以鐵為例：通常，二價鐵使礦物呈綠色（如橄欖石）、藍色（如藍線石）或紅色（如石榴石）。三價鐵可使礦物呈黃色（如正長石）、綠色（綠簾石）或藍色（藍晶石）。在某些情況下，三價鐵可被天然放射作用氧化，而四價鐵能着紫色，因而使石英從天然黃晶變成紫晶。黃晶變成紫晶需要近100萬年時間。

橄欖石（沙特阿拉伯）

藍線石（馬達加斯加）

鈣鋁榴石（意大利）

由二價鐵着色的礦物

綠簾石（意大利）

藍晶石（美國）

正長石（馬達加斯加）

由三價鐵着色的礦物

除紫晶之外,還有一些礦物是由天然放射作用着色的,比如藍色的石鹽或茶色的石英。其他還有一些礦物的顏色是兩種離子之間一系列複雜的相互作用形成的,比如藍寶石裏蘊含有鐵離子和鈦離子。

紫晶(巴西)　礦鹽〔上萊茵省(Haut-Rhin)〕　茶色石英〔(阿韋龍省Aveyron)〕　藍寶石(斯裏蘭卡)

入射光源可大大影響礦物的顏色,一支蠟燭可以增加暖色調,而一盞日光燈則可以增加冷色調(綠色、藍色)。有一個很顯著的例子就是變石(金綠寶石的一種),這種礦物在自然光線下呈翠綠色,在白熾光下則變成艷紅色。

董青石的各向異色性

有些礦物顏色的改變取決於光線照射的方向,典型的例子就是董青石,它的顏色可以從深藍變成淺紫色再變成亮黃色。

還有一些礦石着色的例子:乳白石並不是通過化學方式着色的,它是由方英石(矽石的一種)的微粒組成的,方英石能在自然環境中使光線衍射,使得在乳白石中形成小彩虹。富拉玄武岩也能使光線衍射,因為它是由具有彩虹色的長石薄片組成的。

乳白石分解光線而出現的彩虹色
（澳大利亞）

富拉玄武岩的薄片

透明度

　　有些礦物是非常透明的（比如水晶），還有一些礦物是半透明的
（如大理石，乳白色石膏的一種），也有不透明的礦物（如磁鐵礦、方
鉛礦）。

3種菱面體晶體：左，透明（冰島晶石，墨西哥）；中，半透明〔方解石，
孚日省（Vosges）〕；右，不透明〔菱鐵礦，伊澤爾省（Isère）〕

光澤度

　　礦物的光澤度千差萬別，最明亮的要數金剛石（鑽石），既稠密
又通透。閃鋅礦（ZnS）或赤銅礦 (Cu₂O) 也是如此。富鉛品質玻璃和
氧化鋯也能從外觀上仿製出金剛石的光澤。

金剛石

玻璃狀磷灰石
（墨西哥杜蘭哥）

蒙脫石
（維也納蒙特莫里隆）

金屬硫鐵礦
（西班牙洛格羅尼奧）

4種礦物，4種光澤度

　　不透明的礦物通常具有金屬光澤（往往是天然礦物，如金或者硫化物，如黃鐵礦）。它們反射幾乎全部光線，就像鏡子一樣。相反，土質礦物雖然也是不透明的，卻沒有光澤，比如黏土。在礦物世界中，最常見的光澤是玻璃光澤，比如石英和方解石以及其他透明與半透明的礦物。

　　還有其他幾種光澤，如油脂光澤、珍珠光澤、樹脂光澤、絲絹光澤和蠟狀光澤。

油脂光澤	珍珠光澤	樹脂光澤	絲絹光澤
石鹽	珍珠	琥珀	纖維石膏

磷光和熒光

　　某些礦物能發出磷光。如果我們把這種礦物置於光線下一段時間，再馬上置於黑暗中，人們可以看到它們會發出有顏色的光芒，這種光芒會漸漸熄滅。磷光現象最著名的當數緬甸紅寶石（紅色的寶石帶有紅色的磷光）和藍鑽石（藍色的鑽石帶有紅色磷光）。

熒光現象的例子：上排為花崗岩鈣鈾雲母和石英上的銅鈾雲母晶體，下排為方解石和閃鋅礦，分別置於自然光線（左）、長波紫外線（中）和短波紫外線（右）下。在銅鈾雲母上，橙色熒光是福磷鈣鈾礦發出的，在自然光線下幾乎不可見。

　　熒光和磷光一樣是發光現象，但熒光只有當礦物被置於某種光線下才會出現。最常見的熒光是在紫外線（短波、中波和長波）照射下出現的。在這些光線下，某些富含雙氧鈾離子的礦物（如鈣鈾雲母）、富含有機物的礦物（石油、磷灰石、乳白石、石膏、方解石和富含有機物的沉積文石）、富含稀土的礦物（方鈉石、螢石、金雲母、白鎢礦、滑石），或者富含鋅的礦物（閃鋅礦和菱鋅礦）通常能出現熒光。

硬度

　　硬度按莫氏硬度順序分為10個等級，從最軟到最硬：

1	2	3	4
滑石	石膏	方解石	螢石

5	6	7	8
磷灰石	正長石	石英	黃玉

9	10
剛玉	金剛石

附上硬度參考數據:

硬度	例子
2.5	岩鹽、指甲
2.5-3	金、銀、天然銅
4	青銅
5.5	玻璃和普通鋼
6.5	淬硬鋼

　　確定礦物硬度的方法是用上表中的參照物在礦物上刻出劃痕。因此,磷灰石(硬度為5)可在硬度比它低的礦物(硬度低於5的礦物,如螢石、方解石、石膏和滑石)上刻出劃痕。但磷灰石不能在比它硬度更大的礦物上刻出劃痕,比如玻璃、鋼、石英、黃玉、剛玉或金剛石。

　　莫氏硬度測量法雖然方便,但不能精確地測出各個硬度之間的差距,硬度在1至4之間的差距比較細微,而剛玉(9級)與金剛石(10級)之間的差距則非常巨大。

鑽石商的精明

　　天然鑽石晶體的各個平面的硬度存在細微的差別,因此,由於所處的面不同,鑽石的硬度從不到10級到超過10級不等。莫氏硬度測量法比較粗略,無法精確測量出鑽石硬度的細微差異。但對於鑽石商來説,鑽石的硬度差異卻非常巨大,他們利用鑽石之間的硬度差異,用一種鑽石去切割和拋光其他鑽石。

礦物解理

　　某些礦物的某幾個平面比較容易破裂,這些平面被稱為"解理面"。即便金剛石是最堅硬的寶石,它的某些平面也能輕易裂開。只需把一片刀刃架在金剛石的解理面上,用一個木槌輕輕敲擊就可以瞬間把一個金剛石劈成兩半。鑽石商經常利用這一特性來分割毛鑽,這樣幾乎不會削減鑽石的體積,若是用鋸子鋸開則會造成損失。螢石能完全解理,而石墨、輝鉬礦、石膏、雲母則能極完全解理。

用一把鋼刀刃解理鋰雲母　　　　　　　解理綠螢石

礦物斷口

　　礦物受力後不按一定的方向破裂，破裂面呈各種凹凸不平的形狀的稱斷口。沒有解理或解理不清晰的礦物容易形成斷口，斷口有別於解理面，它一般是不平整的面。礦物的不同斷口有助於研究礦物的類別。

斷口的主要類型		
貝殼狀斷口	斷口完整、彎曲、平滑，如玻璃、燧石、石英、琥珀	石英
梯狀斷口	斷口無特殊結構，如黃鐵礦、磁鐵礦、砷黃鐵礦、硬錳礦、鉭鐵礦	砷黃鐵礦
參差狀斷口	輕微受力就容易斷裂的礦物，如磷灰石、矽孔雀石、矽鎂鎳礦石、冰和淡紅銀礦斷裂時會出現多處裂面	矽鎂鎳礦石
鋸齒狀斷口	用手或刀就可以扭曲的礦物：金、銀、天然銅、黝銅礦	金
土狀斷口	用手用力捏就可使之變成粉狀或纖維狀的礦物：黏土、水鐵礦、鋇硬錳礦、石棉	石棉
		鋇硬錳礦

27

礦物的比重

礦物的比重是礦物的密度與純水（4℃時）的密度之比值。

測量礦物比重的方法是使用精確的秤稱量出礦物在空氣中的質量和在水中的質量，這樣就能計算出礦物的比重。

$$比重 = \frac{在空氣中的質量}{在空氣中的質量 - 在水中的質量}$$

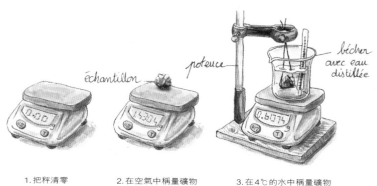

1. 把秤清零　　　2. 在空氣中稱量礦物　　　3. 在4℃的水中稱量礦物

測量無孔無氣泡純礦物比重的方法：
圖片中礦物比重約為 1.74

——第二步：形態學研究——

鑒定礦物的第二步是研究它的形態，即礦物的外表，這是礦物的"外衣"。

外觀

晶體結合的方式不同，其形態也不同。晶體的形態既有獨立的單晶又有複雜的多晶。

常見的形態

密集的	由細粒構成的	蓋有硬殼的	葡萄狀的
磷鈣土	橄欖石	菱鋅礦	針鐵礦

棱柱形的	矮壯的	透鏡狀的	層紋狀的
電氣石	錫石	"沙漠玫瑰"石膏	鋰雲母

纖維狀的	纖維放射狀的	針狀的	鐘乳石狀的
溫石棉	鈉沸石	赤銅礦	方解石

枝狀的	樹木狀的
水鈉錳礦	天然銅

29

晶體形態

晶體形態從屬於形態學，研究的是晶體的幾何形狀。發育成自己應有的形狀的礦物晶體稱為自形晶，相反，就是他形晶。

自形晶和他形晶薔薇輝石

晶體由平面、棱邊和頂點組成。一個立方體有6個面、12條棱邊和8個頂點組成。一個六角棱柱由8個面、18條棱邊和12個頂點組成：

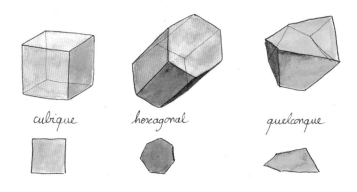

cubique　　　　hexagonal　　　　quelconque

晶體中的頂點、棱邊和平面

每個平面都可以用"米勒指數"表示出來，這是一些在大括號中標出簡單的數字（0,1,2等等），接下來我們會簡單介紹"米勒指數"。

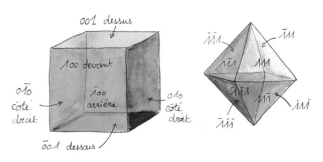

立方體和八面體上的米勒指數

立方體的面有三個方向：

- 正面、背面
- 左側面、右側面
- 上面、下面

我們把正面標記為 {IOO}，背面則標記為 {-IOO}。在這 {IOO} 和 {-IOO} 中，第一個數字（I 或 -I）表示第一個方向（正面或背面），負號表示背面。右側面標記為 {OIO}，而左側面標記為 {O-IO}，上面和下面則分別標記為 {OOI} 和 {OO-I}。

複雜的晶體

一個晶體的結構往往要比一個簡單的立方體複雜。一個八面體是由介於 {100}、{010} 和 {001} 的中間面組成的，我們將其標記為 {111}，其餘的面標記為 {-111}，{1-11}，{11-1}，{-1-11}，{-11-1}，{1-1-1} 和 {-1-1-1}。這裏不再介紹更複雜的晶體的標記法。

七種晶系

結晶通常分為七種晶系。

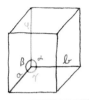 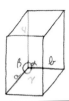

cubique
$a = b \neq c$ $\alpha = \beta = \gamma = 45°$

quadratique
$a = b \neq c$ $\alpha = \beta = \gamma = 45°$

orthorhombique
$a = b = c$ $\alpha = \beta = \gamma = 45°$

monoclinique
$a \neq b \neq c$ $\alpha = \gamma = 45° \neq \beta$

triclinique
$a \neq b \neq c$ $\alpha \neq \beta \neq \gamma \neq 45°$

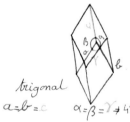 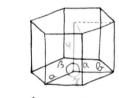

trigonal
$a = b = c$ $\alpha = \beta = \gamma \neq 45°$

hexagonal
$a = b \neq c$ $\alpha = \beta = 45°$ $\gamma = 135°$

七種晶系，從上到下，從左到右分別為：立方晶系（等軸晶系）、四方晶系、斜方晶系、單斜晶系、三斜晶系、三方晶系、六方晶系

立方體
〔阿韋龍省（Valzergues, Aveyron）〕

立八方體（秘魯）

八方體（瑞士）

螢石的不同形態

晶形

一種礦物的晶形是指該礦物晶體最常見的形狀。比如，螢石常呈立方體，它的晶形就是立方體。而金剛石的晶形則是八面體。即便人們能見到八面體的螢石和立方體的金剛石，但因為這些形狀比較少見而不能成為該礦物的晶形。

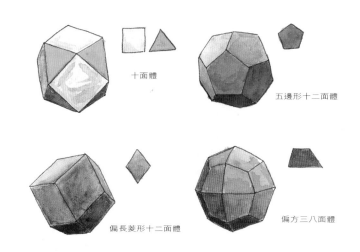

十面體

五邊形十二面體

偏長菱形十二面體

偏方三八面體

立方體的異體

類別	晶體形態	
	立方體	八面體
螢石 CaF_2	比較常見	少見
磁鐵礦 Fe_3O_4	極其罕見	非常常見

螢石和磁鐵礦的晶形

晶體變形

晶體發育的時候，在棱邊或頂尖的位置會長出額外的面，稱為平切，如果這些額外的面完整而對稱地生長，晶體的形狀就會完全改變。這就是為什麼一個立方體可以變成一個八面體。

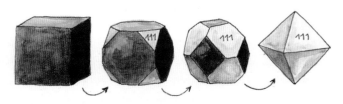

從立方體（紅色面）變成八面體（黃色面）

同理，立方體的其他異體也能形成，如四面體和偏方三八面體：

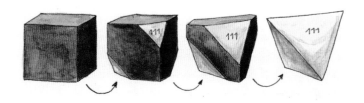

從立方體變成四面體

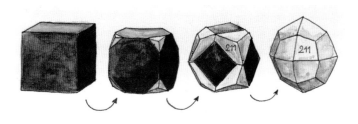

從立方體變成偏方三八面體

因而，立方體的各種異體出現了，它們的形態千差萬別，但同屬於立方晶系。結晶學家通過研究晶體變形，從而還原出最初的晶體形狀。

晶體變形是如何形成的？

晶體變形是在晶體生長過程中出現的。以自然金為例，極小的（納米級）晶體是立方體的，而肉眼能見的晶體則通常是八面體的。

那麼，晶體的這種變形是如何完成的？從下圖中就可以看出。

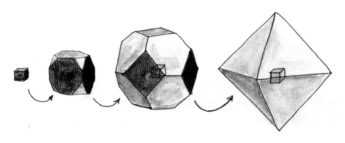

從立方體（紅色）變成偏方三八面體（黃色）

晶體的生長

　　晶體表面的原子決定晶體的哪些面會優先生長，這就解釋了為什麼同一晶系的晶形是不同的。石鹽（立方晶系）常呈立方體形而尖晶石（也是立方晶系）則通常呈八面體。

石鹽（波蘭）

尖晶石（馬達加斯加）

　　另外，晶體形成時的環境也能影響晶面的穩定性：在高溫下容易形成八面體，而低溫則容易形成立方體（當然，這不是絕對的）。此外，雜質也會影響晶體的生長。

晶體的形成

　　晶體的形成是一個緩慢的過程，並且需要較大的穩定性。某些晶體可以在幾小時內形成，如鹽在鹽田中。但絕大多數晶體形成卻需要好幾千年，甚至更長時間。晶體的形成需要恆定的環境和必須化學元素的定期供給。晶體基本組成元素的任何改變或者環境的變換（壓力、氣溫等）都會干擾晶體的生長，從而製造出一些缺陷。

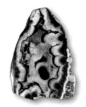

1. 玄武岩氣泡中的硫磺晶體（法屬聯合群島）
2. 佈滿在礦脈裏的錫石晶體（波利維亞）
3. 晶洞裏的瑪瑙、紫水晶與方解石（墨西哥）
4. 石英上的紫晶（巴西）

晶體的形成還需要晶體在晶洞（火山熔岩裏的沼氣氣泡）裏或者礦脈、裂縫或礦囊裏具有足夠大的空間。大多數晶體都在生長過程中被阻塞了。

從微小的晶體到巨大的晶體

晶形最好的晶體往往是毫米級大小甚至更小的，研究它們需要借助於雙筒放大鏡。然而，雖然極其罕見，但也存在數米長、數噸重的巨大晶體。

亞毫米級的藍銅礦微晶體
〔奧德省（Salsigne, Aude）〕

巨大的石英晶體（高4米）
〔位於多爾多涅省
（Dordogne），但已被炸毀〕

雙晶和晶體外延

在某些情況下，同種類的晶體會根據晶體幾何學規律在某種角度下接合起來，稱為雙晶。雙晶形成的方式較為複雜，往往是在晶體生長過程中形成的，也有可能是在之後的變質作用或者地質構造運動中形成的。

雙晶現象比較罕見，不少礦物收集者都熱衷於尋找那些接合得較為完美的雙晶。下面的插圖中介紹一些有名的雙晶。

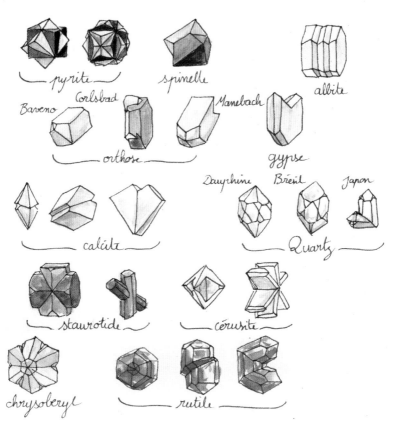

不同種類的雙晶

心形的閃鋅礦
（科索沃）

雙重的文石雙晶
〔巴斯特內，朗德省
（Landes）〕

菱形的透長石雙晶
〔多爾山，多姆山省
（Puy-de-Dôme）〕

方解石雙晶
（田納西州・美國）

黃銅礦雙晶
（必加，秘魯）

十字石
〔菲尼斯太爾省
（Finistère）〕

實物雙晶例子

晶體外延是指一種礦物的晶體根據它們相同結晶方向在另一種礦物的晶體上生長出來。例如在阿爾卑斯山的裂縫中，金紅石常常外延生長在赤鐵礦上，儘管這兩種礦物的成分和晶體都非常迥異。在外延生長過程中，伸長的金紅石晶體只會長在赤鐵礦的三角斷面軸上。

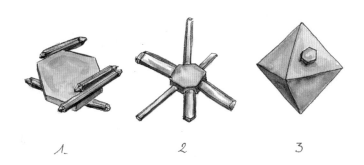

外延例子：1.金紅石的長晶體外延生長在一塊扁平的赤鐵礦上
2.六個長晶體外延生長在一個六邊形晶體上
3.一個六邊形晶體外延生長在一個八面體上

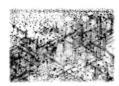

磁鐵礦的尖頂生長在白雲母上（約翰‧喬治城，德國）

綠色的銅鈾雲母生長在黃色的鈣鈾雲母上（賓夕法尼亞州，美國）

金紅石生長在赤鐵礦週圍（伊塔蒂亞亞，巴西）

晶體外延生長例子

晶體及其原子結構

在研究晶體形態學的同時，晶體學也研究晶體的原子結構。原子結構一般是根據幾何學定律確定的。如果兩種礦物的化學成分相同而原子結構不同，則這兩種礦物就是不同的。例如，有4種礦物都是僅由碳原子組成的，它們分別是：金剛石、石墨、六方金剛石和趙擊石，但只有金剛石的晶體是立方體的，其他3種晶體是六邊形的（但它們各不相同，因為所處的地質環境迥異）。

石墨   六方金剛石

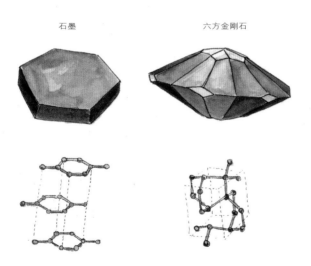

在石墨和六方金剛石中的碳原子的形態和結構

形態與結構的關係

　　晶體的形態與結構之間存在關聯，也就是晶體原子結構和晶體外形之間的關聯。在沒有任何外部干擾的情況下，立方體的原子結構會形成立方體的晶體。然而，各種外部干擾使得晶體的實際外形與根據原子結構預測的外形大相徑庭。

黃鐵礦（秘魯）並不是立方體的，其立方體的晶體形成了長條形的外形

準晶體、類晶體和假晶

　　某些礦物，如金剛石能形成纖維放射狀的晶體集合體，其外形卻是立方體。一些研究表明，這些固體並不是嚴格意義上的晶體，而是纖維狀晶體的集合體，我們把它們稱為"類晶體"。其他類型的晶體生長方式會形成一些偽立方，它們和金剛石的類晶體相似，被稱為長方體金剛石。

　　準晶體是外形類似於晶體，而原子結構卻不像晶體那樣具有週期性的固體。它們在地球上較為稀有，但在宇宙中卻比較常見，它們的物相是鋁合金。

金剛石的偽立方類晶體（南非）

假晶是指用一種礦物在保留其外形的前提下代替另一種礦物。黃鐵礦在保留其立方體外形的情況下可以偽造成針鐵礦。楓丹白露的方解石是一個很好的例子,方解石菱面體的外形被保存下來,而實際上卻是砂岩。化石是假晶的一個獨特的例子:死去的生物的堅硬部分被方解石、黃鐵礦、乳白石甚至祖母綠等替代,而生物的外形卻被保存下來。

石膏仿製石鹽

針鐵礦仿製黃鐵礦

針鐵礦仿製菱鐵礦

天然銅仿製文石

砂岩仿製方解石

假晶例子

瑪瑙

瑪瑙的不同顏色顯示不同分帶,它是由玉髓(一種非晶體矽石)組成的。瑪瑙晶體不是肉眼可見的。但在某些令人驚奇的情況中,瑪瑙在其他晶體溶解後留下的洞穴中沉積下來,其形狀就成了其他晶體的幾何形。這是假晶的特殊例子,瑪瑙所呈現出的形狀並不是它本身的形狀,所以眼見不一定為實。

巴西出產的兩塊美麗的瑪瑙

晶體解理

　　有些"晶體"不是天然的，而是人們利用三維解理人工製造的。最常被作為"人造晶體"而開採的礦物是方解石（菱面體）和螢石（八面體）。

經過解理的琥珀晶體
（墨西哥）

經過解理的螢石晶

經人工解理的礦物晶體

經過解理的假菱面體方解石晶體
〔伊澤爾省（Isère）〕

現代礦物學的誕生

　　在解理方解石、製造體積越來越小的假菱面體晶體的過程中，勒內・茹斯特・阿羽依(1743~1822)，法國礦物學教授，提出了他的晶體理論，奠定了現代礦物學的基礎。他運用自己創新的研究方法，敢於質疑當時已經被認定的理論體系。大量的物理學、礦物學、晶體學和寶石學研究成果使他成為法國最偉大但同時也是最不為人知的科學家之一。

勒內・茹斯特・阿羽依和他的木質結晶學模型

寶石

　　寶石是一些貴重的礦物，它們因稀有、美麗而被人追尋，具有巨大的經濟價值。超過 130 種礦物、有機岩石和岩石可以成為寶石。人們把寶石分為 3 個類別，分別是貴重寶石、半寶石和觀賞石。

──貴重寶石、半寶石和觀賞石──

金剛石

紅寶石

祖母綠

藍寶石

4種貴重寶石

　　貴重寶石分為4種：金剛石、紅寶石、藍寶石和祖母綠（純綠寶石）。而對於某些純粹主義礦物學家來說，貴重寶石只有金剛石。事實上，祖母綠這個名稱不被國際礦物協會認可，因為它是綠柱石的一種，紅寶石和藍寶石的名稱也一樣不被認可，因為它們屬於剛玉，然而這些名稱的用途卻非常廣泛。對於寶石學家來說，紅寶石應該是紅色的，而藍寶石則呈現剛玉的其他顏色，比如藍色，但藍寶石也可以是綠色、黃色、橘黃色、橘紅色、紫色以及其他各種可能的顏色的，甚至在一塊藍寶石裏可以有兩種顏色（比如藍色和橙色）。當某些紅寶石、藍寶石或祖母綠的質量中等（不透光且含有較多雜質）時，它們可以被當作半寶石。

經過琢磨的不同
顏色藍寶石

　　半寶石是寶石的第二個種類。半寶石包括黃玉、紫晶、碧璽、鋯石、坦桑石和玉髓等等。某些半寶石比貴重寶石更稀有，比如翠綠寶石（變石）的價值可大大超過藍寶石。

雙色黃玉
（摩穀，緬甸）

電氣石（碧璽）
的光滑面（巴西）

黃水晶
（玻利維亞）

　　有些半寶石可能是岩石，比如黑曜岩或天青石。也有半寶石是玉，如軟玉和硬玉。

天青石（俄羅斯）　　　　　棕玉（新西蘭）

　　還有很多半寶石是來自生物的，如珍珠、江珧、象牙、珊瑚或琥珀等。這些往往是生物礦物（珍珠、象牙）和有機岩石，也就是說是由多種礦物和有機物組成的。

1. 中國手工製造的珊瑚雕像　2. 法國皇冠上的珍珠
3. 用波羅的海琥珀製作的古羅馬凹雕寶石　4. 琥珀（比利時）

　　第三種寶石是觀賞石，包括大理石、石灰石、砂岩、花崗石、正長岩、斑岩等。有些大量存在的半寶石也可被歸為觀賞石，如孔雀石和天青石。

——克拉、分和格令——

　　寶石的重量單位是克拉（keration，簡寫為k，香港常稱為"卡"），1克拉等於0.2克，即5克拉等於1克。非常小的寶石的重量單位是分，100分等於1克拉。有時我們也用格令作為寶石的重量單位，尤其用於珍珠，1克拉等於4格令，所以1克等於20格令。

寶石的價格

　　寶石因重量、稀有程度、顏色、亮度、工藝、出產的礦床不同而價格迥異。款式（與歷史時期和文化有關）、供需關係、歷史等因素也會影響寶石的價格。因此，寶石的價格很難確定。

　　但決定一種寶石價格的最重要的因素是重量。在質量和其他參數都相同的情況下，一顆10克拉的鑽石的價格超過一顆1克拉的鑽石的價格遠遠不止10倍。因為10克拉的鑽石較為稀有。而特別大的寶石（重量超過50克拉）一般不用來做首飾，它們往往被作為藝術品收藏或者像名畫一樣被用於做投資。

——寶石的鑒別——

　　鑒別寶石的方法和鑒別其他礦物一樣，但對於寶石我們更側重於用它們的視覺特性，如顏色、光澤度（量化為折光率）、光學效應（分解光線以形成"小彩虹"的能力）來鑒別。有些寶石具有非常美麗的光學效應，比如鑽石具有很高的折光率，又如方解石和碳矽石能對光線雙折射；有些寶石則具有各向異色性。

寶石的顏色

　　通常一塊經琢磨過的寶石的顏色仍接近於未經琢磨時的顏色，但對它們再次切割之後就會有改變，寶石技師知道怎樣切割寶石能使它更好地"鎖住"光線。

琢磨寶石對其顏色的影響（圖為電腦上顯示的模擬寶石琢磨前後的變化）：經過琢磨的路易十四的藍色大鑽石（右）比毛鑽石（左）看上去更藍，雖然材質完全相同！

為了對寶石進行估價，寶石學家製定了寶石（經琢磨的）的顏色等級表。下圖是鑽石的顏色等級，從D（純白）到Fancy（色度最高的，此處是黃色）：

D-F	G-J	K-M	N-R	S-Z	"fancy"
無色	近無色	微黃	輕淺黃	明顯黃色	彩黃色

彩鑽

彩鑽在目前相當受追捧，其價格遠遠超過了無色鑽石。綠色、紅色、藍色、粉色或黃色，甚至紫色、橘黃色的鑽石的價值極高，因為它們比無色鑽石更為稀有。

淨度

根據寶石含有的雜質區分其淨度，這些雜質其實往往是其他礦物的微小晶體，雜質也有可能是流體（水、二氧化碳），或者是結晶時的缺陷，亦有可能是人為造成的（如寶石上的劃痕）。

石英中的金紅石，被稱為
"維納斯的頭髮"

一塊19克拉的哥倫比亞
祖母綠中的雜質

寶石中含有的雜質或缺陷越多，其經濟價值就越低，但同時它的礦物學價值就越高。我們把淨度分為三個大的等級（還存在很多小等級）：

1. 在10倍放大鏡下都看不到雜質的寶石
2. 在10倍放大鏡下能看到雜質的寶石
3. 用裸眼就可以看到雜質的寶石

但有一個特例：祖母綠，它通常含有大量的雜質。

——人造寶石——

人工合成寶石是把存在於自然界的礦物人工結晶。從19世紀以來，礦物學家和化學家就開始大量製造合成寶石。第一塊合成寶石是19世紀60年代由弗雷米（E. Fremy）在巴黎的國家自然歷史博物館合成的紅寶石，他的徒弟維諾耶（Verneuil）則成功製造出優質的合成紅寶石。之後，人們就陸續製造出了祖母綠、鋯石、石英和很多其他種類的寶石，如尖晶石、綠松石和乳白石。最近，合成鑽石也取得了巨大的飛躍，在美國，售出的鑽石中，超過三分之一的都是合成的，儘管它們的尺寸並不大（一般都是厘米級的）。

用弗雷米和維諾耶的方法合成的紅寶石和
重3克拉長1厘米的經過琢磨的紅寶石

鋯石　　　　　　富鉛品質玻璃　　　　　　鑽石

立方氧化鋯　　　　碳矽石

不同種類的寶石的亮度比較

在珠寶業中，鑽石的對手是碳矽石，另外還有兩種仿造鑽石的人造寶石：立方氧化鋯（容易和鋯石與鋯混淆，它們並不能仿造鑽石）和富鉛品質玻璃，一種富含鉛的非常光亮的玻璃。

加工和改良

很多寶石要經過加熱處理以改變其顏色和雜質。尤其是坦桑石，它是黝簾石的一種，加熱後會從紅褐色變成藍紫色。大多數黃晶是由紫晶加熱得來的，雖然天然黃晶也是存在的（比加熱過的黃晶稀有）。很多藍寶石（藍色或橙紅色的）也經過加熱。很多綠色或黃色的海藍寶石同樣也經過加熱以使它們的顏色變藍。另有其他一些工藝可以去除寶石中的雜質從而提升其價值。寶石商應該告知消費者哪些寶石是經過加工處理的，因此寶石的價格也應有所變動。有些寶石製造商會在人工合成的寶石中加入一些雜質，使其看起來像天然寶石，這甚至能蒙騙過一些寶石學家。

坦桑石晶體（坦桑尼亞）

經過琢磨的重120克拉的黃晶（巴西）

微痕分析

現代寶石學的一大飛躍是利用微痕分析來鑒別寶石的產地從而更精準地估測寶石的價值。因此，印度戈爾康德的鑽石比其他任何地方，甚至南非的鑽石更傳奇。克什米爾的藍寶石比其他產地的藍寶石，包括斯裏蘭卡藍寶石更受人喜歡。這是一門複雜的學科，需要用到礦物學家、岩石學家和地球化學家（痕跡、合痕、雜質、顏色等）的技術。考古學家不僅僅把這些技術用於寶石，還用於觀賞石和貴重金屬以研究古代文明。

這塊"聖路易"祖母綠被反覆研究以確定其產地（奧地利）

保存或琢磨？

　　對於寶石，我們應該原原本本地保存它們，還是應該對其琢磨加工？這既是寶石學家的困惑，也是純粹主義礦物學家與工藝派鑽石商之間永恆的爭論。的確，有多少華麗的寶石被琢磨加工，用於裝飾首飾和華麗的服裝？這其中有多少寶石沒有被模塑，甚至沒有留下照片，因而人們無從知曉它們原本的樣子。而且，對寶石的琢磨會造成巨大的浪費，有時損失的數量超過70%。

超級巨大的天然鑽石晶體的樹脂模塑，重量超過500克拉，
現已被切割琢磨（左邊這塊高5厘米）

　　這個保存或是琢磨的選擇並不如此簡單，琢磨寶石能改善礦物的某些屬性，如顏色和光澤。比如，若不對鑽石進行雕琢，就很難淋漓盡致地展現出它完美的光輝。在維持原狀與提升價值之間很難一概而論。

　　有些寶石商制定出了一些準則：如果一塊天然礦物具有一些美麗的刻面，那麼就不需要對它進行琢磨，而把它作為天然樣本保存起來；若這塊天然礦物是一塊沒有美麗外形的殘片，或者這種形狀的礦物有很多，抑或這種天然晶體已經有一部分被保存在各大博物館裏了，那麼我們就對其進行琢磨。

琢磨

　　從舊石器時代的琥珀珠子和在公元前2000年的絮茲——美索不達米亞的古都找到的用玉髓、各種岩石和天青石製造的小印章就可以看出：人類在非常久遠之前就已經開始打磨礦物和岩石了。

寶石印章
（絮茲，公元前兩千年）

琥珀珠子
（歐洲，克爾特時期）

　　這些遠古時期的寶石的形狀
比較單一，有圓形的或鑽孔的。在
古代也門，人們就用一種非常堅硬
的礦物來給尖晶石、藍寶石、橄欖
石、祖母綠、瑪瑙和其他玉髓鑽
孔，這種堅硬的礦物就是鑽石。直
到歐洲的中世紀，人們在用鑽石的
粉末打磨鑽石之後才發現了它非凡
奪目的光輝。從文藝復興時期到如
今，寶石的形狀不斷變得越來越精
細複雜。

磨圓的綠松石
（亞利桑那，12世紀）

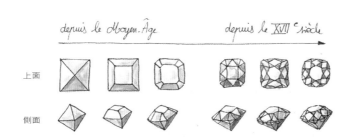

自中世紀和17世紀起鑽石的形狀變化

多面形鑽石

最早的一批多面形鑽石是在1667年到達法國皇宮的。它們是路易十四的財產。路易十四愛好各種寶石，他派人去印度、安特衛普和阿姆斯特丹這些最早琢磨多面形鑽石的地方去搜尋寶石。

1cm

"桑西"（55.2克拉）、於1972年失筍的"路易十四的藍鑽"（69克拉）、奧爾良公爵購買的王冠鑽石（140.5克拉）的複製品。其中這兩顆無色鑽石目前被收藏於巴黎盧浮宮。

比利時鑽石工托考夫斯基於1919年公佈了他根據鑽石的折射率和色散率切割鑽石的形狀。此為現代鑽石標準形狀的開端。之後，這個形狀又經過改進以增加鑽石的光澤度。標準的現代鑽石形狀根據不同的鑽石商也有細微變化。

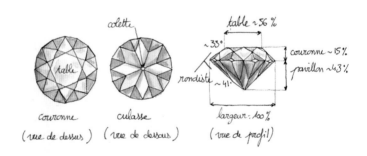

1.上面　　　2.底部　　　3.側面

現代多面形鑽石的不同部位

其他形狀的鑽石也為數眾多，舊時的鑽石形狀如今又開始流行起來，還有很多其他形狀也隨着信息技術的應用和機械化的發展而被設計出來。

其他形狀的鑽石

　　很多鑽石專家，如提蘭德，認為舊時的鑽石樣式更美麗，雖然它們的技術性相對較低，但那些形狀看上去更和諧。然而，多數珠寶商只會向顧客推薦標準的多面形鑽石。

礦物與寶石的收藏

——如何收藏？

值得被收藏的礦物應符合的標準主要有：

- 在該類礦物中的體積大
- 顏色均勻、稀有
- 光亮、不變質、鮮艷
- 高質量的寶石，至少不含有明顯的雜質
- 沒有破損
- 乾淨（無塵、無油污）
- 具有研究意義（稀有的雙晶或形狀特殊等）
- 含有特殊晶體
- 出產於獨特的或著名的礦床

收藏具備這些條件的礦物需要有優越的經濟條件，這就把大多數收藏者拒之門外了。

作為替代辦法，你可以利用你的創造性，用較少的錢來做收藏，有兩條基本原則：

- 從200種最常見或結晶最完好的礦物開始。
- 專門化。專門收藏某些礦床的礦物，如"瑞士礦物"或"孚日山礦物"或"布列塔尼於埃爾戈阿的礦物"。或者也可以收藏一些特殊的礦物，如雙晶、假晶、寶石或各種礦物的鐘乳石。

一個樣品、一張標籤、一份清單

要井井有條地收藏礦物需要有一份清單和一些標籤。如果沒有清單的話就會使收藏失去價值，不論是經濟還是科學。在清單上除了注明礦物的名稱和出產的礦床，還需記錄其他有用的信息：獲得的日期、獲得的方式（購買、交換或發掘）、發現地的GPS坐標、發掘礦物的高度或深度、礦物的體積和重量。最好給樣品連同它的標籤和標有刻度的刻度尺拍一張數碼照片。

收藏礦物需要選擇一個類別，通常是根據礦物化學性質來分類。然而根據化學性質來分類是存在缺陷的：化學性質不是固定不變，而是根據科學發現而變動的，即便變動的只是細節。而根據礦床分類則是穩定而符合邏輯的。

收藏礦物還有一個要點是：首先必須確定是否有權開採並佔有某一礦物樣本。在利益的驅使下，對礦物的盜竊和非法獲取事件日益增多。在自然公園中開採礦物是被禁止的，但也存在少數特例。某些礦物保留有其發掘地的地質標記，即便它們的標籤被人為改動，這獨特的標記卻無法改變。如果竊得某種礦物的時間超過了20年，盜竊的法律效力解除了，但藏匿罪卻是沒有法律時效的。

所有經博物館或化驗室鑒定過的礦物都有可能會被查詢它的法律身份。強烈建議買家在收藏礦物時取得相關的證明文件，以用於再次出售或捐贈，尤其是捐贈給國家博物館。

——哪裏能找到礦物？——

在法國，你能找到很多美麗的礦物，比如最近在阿爾卑斯山和奧弗涅地區（Auvergne）〔上盧瓦爾省（Puy-de-Dôme,Haute-Loire）〕又有新發現。我們可以在不損害他人的財產、法律和環境的同時找到一些礦物。

- 岩石的露出部分是首先要去勘探的礦床：沙子、花崗岩、石灰岩、玄武岩、葉岩、卵石。這些東西在我們上山散步、去沙灘上閒逛、沿着堤岸蹓躂或者在一堆看上去很普通的石堆裏就可以找到。

- 在礦山或採石場中。在礦石公司允許的情況下，可以去礦山或採石場尋找新的礦物樣品。比如在德國，礦物收藏者可以在礦石碎屑中勘探礦物（2000年，一塊美麗的自然銀礦就是這樣被發現的）。

- 大型的建築工程（隧道、高速公路、鐵路）中也能發現礦物，但進入工程的許可證往往比較難以獲得。

- 通過礦物商。

- 在礦物交易市場可以購買或交換具有一定年代的或新近發掘的礦物。

- 在隕星墜落時。很多礦物收集者通過把收集到的隕星送到博物館或專門的實驗室以幫助人們研究太陽系的起源。

——如何辨別找到的礦物——

在瞭解其物理化學屬性的基礎上觀察晶體的外形，你就可以辨認出一種礦物。但最好的方法是實踐，你不妨去參觀一些收藏品，去逛礦物交易市場、礦物博物館，與人討論並默記。

當然，鑑別礦物還有一些複雜的科學方法，如X射線衍射、顯微鏡觀察，等等。但這些方法不是普通大眾所能輕易掌握的。

艾倫普蘭特、唐納德派克和戴維·馮·巴爾剛製定出了通過一些簡單的操作來鑑別礦物的系統方法。唯一的限制是被鑑定的礦物必須是完全露出的、單獨的晶體。這個系統主要用於鑑別礦物的類別，而不是某一塊獨特的礦物。

礦物學愛好者的實驗室

艾倫普蘭特、唐納德派克和戴維·馮·巴爾剛建議大家首先準備好以下工具：

- 白紙
- 一個一分、兩分或五分的硬幣
- 一塊螢石
- 一把小刀
- 一小片鋸條
- 一塊石英
- 一塊綠柱石或黃玉
- 一塊剛玉
- 一塊瓷磚
- 一小段蠟燭和火柴
- 一把拔毛鉗
- 一把帶有釘子的木製尖刀
- 一塊磁鐵
- 裝有稀釋到10%的鹽酸的塑料瓶
- 寶石專用的10倍放大鏡

然後，要鑑別一種礦物需要做一系列的測試，要得出最後確切的結果需要做的遠不止此，需要經驗豐富的愛好者甚至科學工作者才能夠完成，這些人經常相互拜訪或者去礦物學俱樂部交流。

鑒別礦物的幾種方法：礦物擦在紙上的
痕跡、解理技術（左）

用指甲在礦物上劃出劃痕和用
礦物在指甲上刮出劃痕（右）

──俱樂部、博物館和收藏──

　　礦物收藏者加入一個礦物收藏協會有諸多好處：能更安全地收集礦物樣品、分享重要的信息、鑒定礦物、和相關專業人員取得聯繫、通過一個組織往往比較容易進入相關展會。

　　在法國、比利時和瑞士，很多自然歷史博物館經常舉辦一些礦物學展會。本書最後附有一些可參觀的博物館的名單。

——交易市場——

交換和買賣礦物、化石、寶石和隕星的交易市場是獲得自己無法找到的樣品的理想場所。逛交易市場是找到稀有礦物的捷徑。要找到可靠的賣家並不難，因為他們往往很有名。

在法國有很多礦物交易市場，例如聖－瑪麗奧克斯地雷交易市場和巴黎、里昂以及尼斯的礦物交易市場。在慕尼黑也有不少國際礦物交易市場，它們經常舉辦一些出色的、非常具有教育意義的展覽。還有圖森（美國亞利桑那州）的礦物交易市場，是全世界礦物收藏者的"麥加"，那是一個巨大的市場，成噸的各色各樣的礦物在那裏售賣。有些罕見的精美絕倫的私人收藏品也在那兒主題性地展出。在丹佛（美國科羅拉多州）的礦物交易市場能找到各種大小的礦物，你在那兒能找到你的藏品中所缺少的樣品。

礦物是如何形成的？

　　收集礦物並不僅僅在於去獲取礦物清單上的各種精美樣品。那些嚴謹的收藏者會專注於觀察和研究他們已有的樣品。一塊石英樣品，即便體積很小又混有大量雜質，它也蘊含豐富的信息，比如一顆來自天外的隕星所造成的衝擊或消滅週邊任何生命的火山噴發。

——礦物學的進化和適應——

　　如同動物一樣，礦物也難以逃脫自然的法則。礦物也會進化，我們幾乎可以說礦物也是"物競天擇，適者生存"的。因此，礦物自宇宙形成時就產生了，並且一直進化至今。有些礦物在存在了數百萬年甚至數十億年之後毀滅了，因為它們不再平穩堅固。有些礦物在環境變化（氣壓、氣溫、濕度、光照等變化）時會做出反應：某些礦物經得起改變，如石英和自然金，然而絕大多數種類的礦物卻分解、溶解或融化了。

　　還有一些礦物則在地球上徹底消失了，原因眾多，例如由於氧氣的存在。

——原始地球——

　　在46億年前，地球形成了，它被很多小行星和隕星碰撞，很大一部分物質融化了，那些重礦物向地心流動，而那些最輕的元素則集中在地表，這使得地表在隕星的轟炸變少之後變得越來越黏稠。在地表與地心之間，地幔在化學熔析和熱運動中形成了。

　　一個新的地球環境在經歷多次火山噴發岩漿之後形成了。富含水和有機物的隕星的墜落也在不斷改變這種地球環境。

　　地球持續冷卻，地殼表面開始結晶，大量的橄欖石、輝石、閃石、長石、硫化物結晶成晶體。地球繼續冷卻，水開始聚集，下雨又促使了海洋在42億年前的形成。雨水沖刷表面粗糙的岩石形成了最初的沉積岩：砂岩和沙子。而泥土則穩定下來變成堅硬的表層，也就是原始的地面。這些泥土是35至38億年前生命在地球上起源並發展的重要礦物，因為泥土是無毒的，並且能儲存大量的水。

——生物地球化學循環與地質環境——

生命的產生得益於很多礦物：水、泥土和各種礦物鹽。地球板塊的運動促使了火山噴發，而火山噴發則把深層的岩石噴射出來，地球板塊的碰撞（尤其是俯衝運動）則又使得礦物向地球深處遷移。只要地球內部的熱運動不停止，岩石和礦物就不停地循環。

地球化學循環使得礦物根據地質環境不同而進化。

在一定環境下，一些獨特的礦物會形成，而這些礦物形成的痕跡會通過雜質或特殊的結晶過程被保留下來，等待礦物學家去解讀。因此，只要環境不變，這些礦物就會一直存在。

儘管地球是一個複雜的綜合體，但人們仍能找出一些大類的自然環境與礦物之間的關係，有些自然環境現象有利於某幾種礦物的形成，而會導致另一些礦物的毀滅。這些循環是地球動力的作用：大陸漂移、火山活動、熱液作用、俯衝、侵蝕、延伸、變質等等，隕星的造訪則會增加新的作用。下表是主要的自然環境現象對礦物形成的影響：

原始地球

主要自然環境現象對礦物形成的影響

(a) 來自外太空的	隕星：自然金屬（鐵、金）、矽化物、氮化物、橄欖石、有機物
(b) 岩漿作用的	(b1) 深層岩漿作用：橄欖石、長石、輝石、石榴石 (b2) 酸性岩漿作用：長石、石英、雲母 (b3) 鹼性岩漿作用：似長石、方鈉石、氟碳鑭礦 (b4) 偉晶岩漿作用：綠柱石、電氣石、黃晶、錫石、黑鎢礦、獨居石
(b) 熱液的	(b5) 熱液岩漿：自然金、黃銅礦、斑銅礦、輝銅礦、黃鐵礦、砷黃鐵礦、晶質鈾礦、閃鋅礦、方鉛礦、雄黃、輝銻、淡紅銀礦、錫石、螢石、重晶石
(c) 火山運動的	(c1) 深層火山：金剛石、石榴石、輝石 (c2) 新晉大陸火山：橄欖石、輝石、赤鐵礦、透長石 (c3) 火山弧：硫磺、自然金和銀、黃銅礦、黃鐵礦、砷黃鐵礦、閃鋅礦、方鉛礦、雄黃、辰砂、淡紅銀礦、錫石、螢石、重晶石
(d) 蝕變的	(d1) 氧化熱液：藍銅礦、孔雀石、矽孔雀石、綠銅礦、菱鋅礦、白鉛礦、針鐵礦、鈣鈾雲母、硬石膏 (d2) 滲入熱液：自然銀、天然銅、赤鐵礦、輝銅礦 (d3) 變質火山運動：紫晶、瑪瑙、沸石 (d4) 土壤：高嶺土、黏土、水鐵礦、綠銹
(e) 新近生物成因的	珍珠、琥珀、方解石、文石、磷灰石、水鈉錳礦
(f) 沉積作用的	(f1) 蒸發：石鹽、鉀鹽、石膏、天青石、明礬石 (f2) 殘留：石英、三水鋁礦、滑石、軟錳礦、水鈉錳礦、金、鋯石、獨居石、綠柱石、剛玉、黃晶 (f3) 泥灰質的：方解石、海泡石、菱鐵礦、磷灰石、黏土
(g) 再結晶作用的	(g1) 成岩作用和交代作用：白鐵礦、黃鐵礦、方鉛礦、閃鋅礦、黃銅礦、白鎢礦 (g2) 變質作用：剛玉、石榴石、閃石、輝石岩類、紅柱石、綠簾石、菫青石、藍線石、石墨、蛇紋岩、石棉 (g3) 低壓變質作用：沸石、方沸石、綠泥石、葡萄石 (g4) 中壓變質作用：陽起石、角閃石、白透輝石、鎂橄欖石、藍晶石、矽鐵鋁榴石、石榴石、白雲石 (g5) 高壓變質作用：藍閃石、翡翠 (g6) 接觸變質作用：紅柱石、矽灰石、螢石、符山石、石榴石、陽起石、黃晶、電氣石、綠柱石、錫石 (g7) 熱液變質作用：硫化物、高嶺土、金、重晶石

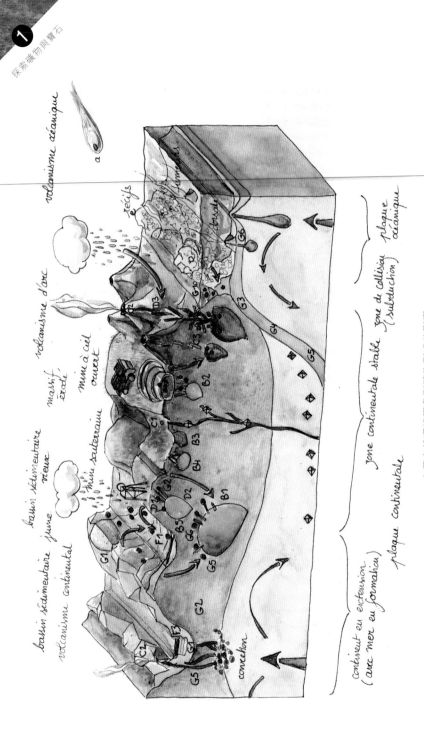

volcanisme océanique

a.

récifs

volcanisme d'arc

bassin sédimentaire jeune

massif éroŕ

mine à ciel ouvert

bassin sédimentaire vieux

mine souterrain

volcanisme continental

continent en extension
(avec mer en formation)

convection

Zone continentale stable

Zone de collision
(subduction)

plaque océanique

plaque continentale

主要自然環境現象對礦物形成的影響

——鑒別方法——

大量礦物學書籍都已經描述過那些稀有又美麗的礦物了，很少有書籍會去講解現今大量存在的礦物品種，因此有一些珍寶不為人知，比如鈣鈦礦和水鈉錳礦。

本書中你可以找到110個種類的礦物的信息。

礦物的鑒別方法是基於艾倫普蘭特·唐納德派克和戴維·王·巴爾剛建立的體系之上的，其中的一些簡便方法（在紙上擦出痕跡，解理，用刀片、指甲、銅片或石英劃出痕跡）可以幫你鑒別礦物。

具有金屬光澤或半金屬光澤		
在紙上能擦出痕跡	紅色痕跡	• 黑色礦物：赤鐵礦 • 紅色礦物：辰砂、深紅銀礦、淡紅銀礦
	灰色到黑色痕跡	• 立方體解理：方鉛礦 • 頁片狀解理：石墨、輝鉬礦
	黑色痕跡	• 黑色礦物：軟錳礦 • 銀白色礦物：①無韌性的：輝銻　②有韌性的：輝銀礦
在紙上不能擦出痕跡	能用刀劃出痕跡	黑色粉末：軟錳礦、黑鎢礦、鉻鐵礦
		灰色粉末　• 有韌性的：螺硫銀礦 • 無韌性的：①非常清晰的立方體解理：方鉛礦 ②非常清晰的單向解理：輝銻礦　③無非常清晰的解理：硫銻鉛銅礦、輝銅礦、砷、黝銅礦、磁黃鐵礦
		紅色粉末：辰砂、深紅銀礦、淡紅銀礦、赤鐵礦 橙褐色粉末：天然銅 褐色粉末：閃鋅礦、水錳礦、獨居石、黑鎢礦 紅褐色粉末：赤銅礦 黃褐色粉末：針鐵礦 金色粉末：金 銀色粉末：銀、鉑金 深綠色粉末：黃銅礦
	用刀不能劃出痕跡	黑褐色粉末　黑鎢礦、鋇硬錳礦、鈦鐵礦、晶質鈾礦、鉻鐵礦、砷黃鐵礦、鈮磁鐵礦、白鐵礦、黃鐵礦
		黃褐色粉末　針鐵礦、黃綠石
		白色或淺色粉末　密度小於6：板鈦礦、銳鈦礦 密度大於6：金紅石
		紅色粉末　赤鐵礦

無金屬光澤			
具有彩色痕跡	赤鐵礦、淡紅銀礦、深紅銀礦、辰砂、鉻鉛礦、赤銅礦、雄黃、雌黃、硫黃、鈣鈾雲母、釩鉛礦、銅鈾雲母、孔雀石、藍鐵礦、矽孔雀石、藍銅礦、青金石、方鈉石、菱鐵礦、黑鎢礦、閃鋅礦、針鐵礦、金紅石、錫石		
無彩色痕跡	能用指甲劃出痕跡	• 解理清晰：滑石、硫黃、斜綠泥石、石膏、石鹽、鉀鹽、白雲母、金雲母、黑雲母、高嶺土、水鎂石 • 解理不清晰：蒙脱土、硫黃、高嶺土	
	用指甲不能劃出痕跡	用銅片能劃出痕跡	解理清晰：鋰雲母、石鹽、鉀鹽、方解石、硬石膏、重晶石、天青石
			解理不清晰 • 燭火能熔化：硼砂、白鉛礦 • 燭火不能熔化：高嶺土、硬石膏、蛇紋岩、釩鉛礦、磷氯鉛礦
		用銅片不能劃出痕跡	用刀片能劃出痕跡 • 解理清晰：文石、輝沸石、片沸石、鈉沸石、方沸石、魚眼石、藍晶石、矽質異極礦、針鈉鈣石、矽灰石、楣石、薔薇輝石、藍閃石、鈉閃石、透閃石、陽起石、直閃石、角閃石、鈉透閃石、頑輝石、白透輝石、鈣鐵輝石、輝石、方解石、海泡石、白雲石、菱鋅礦、菱鐵礦、菱沸石、硬石膏、重晶石、天青石、螢石、閃鋅礦、方鈉石、青金石 • 無清晰解理：鉬鉛礦、釩鉛礦、蛇紋岩、方解石、磷氯鉛礦、文石、海泡石、明礬石、菱鋅礦、矽質異極礦、白鎢礦、針鈉鈣石、鈉沸石、方沸石、乳白石、磷灰石、獨居石、方鈉石、青金石

64

無金屬光澤		
用刀片不能劃出痕跡	用石英能劃出痕跡	• 解理清晰：藍晶石、綠簾石、黝簾石、矽鐵鋁榴石、硬水鋁石、鋰輝石、翡翠、透長石、微斜長石、正長石、鈉長石、粒鈣長石、薔薇輝石、榍石 • 無清晰解理：乳白石、綠松石、白榴石、板鈦礦、符山石、葡萄石、金紅石、軟錳礦、錫石、斧石、橄欖石
	用石英不能劃出痕跡	• 解理清晰：黝簾石、綠簾石、矽鐵鋁榴石、硬水鋁石、黃晶、翡翠、鋰輝石、剛玉、金剛石 • 無清晰解理：錫石、斧石、橄欖石、石英、電氣石、石榴石、十字石、菫青石、紅柱石、鋯石、綠柱石、尖晶石、金綠寶石、剛玉

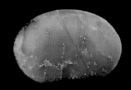

認識
礦物與寶石

輝銀礦

方解石

輝銀礦（弗賴貝格，德國）

輝銀礦

輝銀礦（弗賴貝格，德國）

立方晶體

螺硫銀礦
（瓜納華托，墨西哥）

螺硫銀礦和輝銀礦

輝銀礦（查納西約，智利）

類別2：硫化物和磺鹽

分子式：Ag₂S

比　重：2-2.5

硬　度：5.5-5.8

顏色、透明度光澤度	暗鉛灰色至鐵黑色；不透明；金屬光澤至泥土光澤。
晶形、晶系	這是兩種多晶型晶體：輝銀礦屬於立方晶系，螺硫銀礦屬於單斜晶系，實心、粒狀，有枝狀、網狀、立方體、八面體的或十二面體的（輝銀礦）。螺硫銀礦多是棱柱形的。
解理、斷口	不完全解理，貝殼狀斷口，可切性。
產地	存在於熱液礦床中，產地主要有墨西哥（瓜納華托）、德國（弗賴貝格）、意大利（卡利亞裏）、挪威（康斯博）、摩洛哥（伊米特爾）、智利（科皮亞波和查納西約）、加拿大（安大略）、秘魯（烏丘查誇）、玻利維亞（波托西）、中國（廬江和山西）。在法國的產地有：瓦爾省（Var）、塔爾納省（Tarn）、阿爾薩斯省（Alsace）、阿利埃省（Allier）、羅澤爾省（Lozère）、阿裏埃日省（Ariège）、伊澤爾省（Isère）。近年來，摩洛哥和中國出產數量較多。
詞源	輝銀礦 Argentite：根據其成分命名（"銀"的法語為"argent"）。螺硫銀礦 Acanthite：源於希臘語 akanta，意為「刺」。
低於或高於173℃	當氣溫超過173℃時，輝銀礦會形成立方體結晶。當氣溫低於173℃時，輝銀礦會轉變成單斜晶的螺硫銀礦，但仍保持其立方體形狀。螺硫銀礦偶爾呈棱柱形。

68

明礬（合成的）

明礬石

明礬石

相關物質：明礬、明礬石

類別7：硫酸鹽

分子式：$KAl_3(SO_4)_2(OH)_6$

比　重：2.6-2.9

硬　度：3.5-4

顏色、透明度 光澤度	無色、淺黃、淡紅、淡褐或淺灰色；透明或半透明；玻璃光澤或土質光澤。
晶形、晶系	實心、纖維狀、柱形、粒狀，常為玻璃狀晶體，三方晶系。
解理、斷口	{0001} 完全解理、貝殼狀斷口。
產地	明礬石為中酸性火山噴出岩經過低溫熱液作用生成的蝕變產物，自15世紀起在羅馬附近的蒙蒂德拉托爾法就開始開採明礬石，之後又在托斯卡納、匈牙利、澳大利亞、美國開採。在法國，出產明礬石的地區有：隆河省（Rhône）、阿爾薩斯地區、阿韋龍省（Aveyron）、利穆贊地區（Limousin）。
詞源	明礬石 Alunite 來自於拉丁文 alumen，意為 "明礬"。
關於明礬石	明礬石雖然很少被礦物收藏家研究，但卻是煤礦和金屬礦細菌氧化過程的關鍵礦物。黃鉀鐵礬是明礬石含鐵的同等物，也是一種重要的礦物，它是明礬石和明礬的導生岩。由於具有殺菌作用，它常被作為剃鬚後具有癒合收斂作用的天然除味劑。有些人認為明礬石是有毒的，因為它富含可溶解的鋁（可能是導致阿耳茨海默氏病的病因），這還有待驗證。

波羅的海琥珀（波蘭）

琥珀卵石（波羅的海）

拋光琥珀（波蘭）

琥珀

種類：黃琥珀、樹脂瀝青、硬樹脂

類別10：有機礦物

分子式：$C_{10-12}H_{16-20}O$

比重：1.5

硬度：2-2.5

褐煤裏的琥珀

顏色、透明度光澤度	無色、黃色、橙色、紅色、淡褐色、褐色、藍色；透明到半透明；樹脂光澤。
晶形、晶系	圓形實心，常以結核狀、瘤狀、小滴狀等產出，非晶形。
解理、斷口	無解理；貝殼狀斷口。
產地	波蘭、立陶宛（波羅的海南部）、多米尼加共和國、墨西哥北部、阿拉斯加。在法國的產地有很多，在沉積盆地、在薩爾特省（Sarthe）的褐煤中、在巴黎盆地的沙土中、普羅旺斯地區（Provence）、夏朗德省和塞文山脈（Charentes et Cévennes）。鮮見大塊琥珀。
詞源	琥珀 Ambre 來自於阿拉伯語 anbar。英語名稱為 Amber。
容易辨認	琥珀在鹽水中能漂浮，在溫度達到170℃時會變柔軟，用布片擦拭能帶電。琥珀的希臘名 "electron" 意為 "電"。琥珀尤以含有完整昆蟲或植物為珍貴。因此，在某些樹脂瀝青中，通過X射線照片能用肉眼看到上百隻已變成化石的昆蟲。龍涎香與琥珀不同，它是抹香鯨的腸腔分泌物，是一種重要的香料。

溫石棉

蛇紋岩中的溫石棉（科西嘉島）

鈉閃石纖維（南非）

石棉織物

石棉

種類：陽起石、鈉閃石、鐵閃石等

≡≡≡ 類別：

9D（矽酸鹽、鏈矽酸鹽）：鈉閃石、陽起石、透閃石、鐵閃石 9E（矽酸鹽、頁矽酸鹽）：溫石棉

🧪 分子式：

$Na_2Fe_3^{2+}Fe_2^{3+}(Si_8O_{22})(OH)_2$（鈉閃石）$Ca_2(Mg,Fe)_5Si_8O_{22}(OH)_2$（陽起石、透閃石），$Fe_7Si_8O_{22}(OH)_2$（鐵閃石），$(Mg,Fe)_3Si_2O_5(OH)_4$（溫石棉）

🔺 比重：2.53-3.6

🔻 硬度：3.5-6

顏色、透明度光澤度	白色、綠色、褐色、藍色、黑色；半透明到不透明；玻璃光澤到絲絹光澤。
晶形、晶系	長纖維狀、柔軟光滑、閃耀，能輕易散開。
解理、斷口	豎直方向 {001} 完全解理，參差狀斷口。
產地	俄羅斯、魁北克和中國的石棉產量世界最高，基本出產溫石棉。在法國，已被開採的石棉礦位於科西嘉島角（Cap Corse）。所有這些石棉礦床都在蛇紋岩附近。
詞源	石棉 Amiantes 出自於希臘語 amiantos。石棉的其他名稱有：asbeste（古法語）、crocidolite、amosite。英語名稱是Asbestos。
美麗卻危險	石棉纖維柔韌而耐熱，可用於建築材料中。石棉纖維能引起嚴重的肺病。毛沸石纖維也能引起病變，但某些種類的鈉閃石是矽化的，對人體無害，常用於珠寶業。

藍閃石與含鉻白雲母
（意大利）

方解石中的鈉透閃石
（加拿大）

角閃石（挪威）

閃石

種類：陽起石、透閃石、角閃石、鈉閃石

 類別9D：矽酸鹽、鏈矽酸鹽

陽起石（奧地利）

分子式：$A_2B_3C_2Si_8O_{22}(OH)_2$

比　重：3-3.3

硬　度：5-6

顏色、透明度光澤度	白色、黑色、灰綠色、暗綠（角閃石）、祖母綠色（綠閃石）、深棕色、灰藍色（藍閃石、鈉閃石），透明到半透明，玻璃光澤或珍珠光澤。
晶形、晶系	晶體為細長的針狀和纖維狀，脆弱（石棉）或緊密、閃耀（青石棉），斜方晶系（直閃石），單斜晶系（陽起石、鈉透閃石）。
解理、斷口	120℃（攝氏度）時解理，貝殼狀斷口。
產地	分佈廣泛，存在於火成岩（角閃石、亞鐵鈉閃石、鈉透閃石）或變質岩（直閃石、陽起石、角閃石、藍閃石等等）中。紐約的直閃石和奧地利、格陵蘭島、芬蘭、德國、瑞士、意大利的陽起石蘊藏量豐富，法國的阿爾代什省（L'Ardèche）出產鋁直閃石，格魯瓦島（Groix）則出產藍閃石。
詞源	閃石 Amphibole出自希臘語amphibolos，意為"混合物"。

長石上的亞鐵鈉閃石（馬拉維）

鈉閃石（南非）

綠閃石
（上薩瓦省（Haute-Savoie））

直閃石（挪威）

鈣鐵輝石（瑞典）

種類	根據晶體的成分不同，分为5個種類： 1.鎂鐵閃石 2.直閃石 3.透閃石 4.鈉透閃石 5.藍閃石 其中藍閃石是收藏者最喜愛的。透閃石、鐵閃石、直閃石和鈉閃石能形成像石棉一樣有毒的纖維。有些鈉閃石是矽化的，其纖維被裹上石英，從而不會鬆散開來而被人體吸入，因而這些種類的鈉閃石是無任何危害的，常被用於珠寶業。藍色的閃石（鷹眼）經加熱後由於含有針鐵礦而會變成橙黃色（虎眼）。在很高的溫度下，針鐵礦會脱水變成赤鐵礦，呈深紅色，成為"牛眼"。
含水的礦物	閃石是大地中主要的水合礦物。由於俯衝作用，這些礦物為地幔補充水分。在相同的俯衝區域，藍閃石的存在指示高壓和低溫。藍閃石常與含鉻白雲母形成深藍色和綠色的祖母綠。亞鐵鈉閃石，一種典型的鹼性岩漿，可形成黑色的大晶體。軟玉和綠閃石則是珠寶業中炙手可熱的寶石。

石英中的紅柱石
（埃斯帕利翁，阿韋龍省）

矽鐵鋁榴石
（意大利）

矽鐵鋁榴石
〔普盧吉恩，非尼斯太爾省（Finistère）〕

紅柱石和矽鐵鋁榴石

種類：空晶石

類別9A：矽酸鹽、島狀矽酸鹽

分子式：Al_2SiO_5

比　重：3.1-3.25

硬　度：6.5-7.5（紅柱石），7（矽鐵鋁榴石）

空晶石，片岩中的光滑切面
（格洛梅，英國）

顏色、透明度光澤度	兩種礦物均可呈灰白、淡紫色和綠色，紅柱石呈粉色、紫色、黃色，矽鐵鋁榴石呈微黑色，微藍色、淡褐色、淡綠色，透明到半透明，玻璃光澤。
晶形、晶系	實心、纖維性，晶體呈長條狀，切面為四方形（紅柱石），針狀（矽鐵鋁榴石），斜方晶系。
解理、斷口	{110}極完全解理（紅柱石）或{010}極完全解理（矽鐵鋁榴石），梯狀斷口或貝殼狀斷口（紅柱石），土狀斷口（矽鐵鋁榴石）。
產地	紅柱石是由變質作用形成的，空晶石中有十字形炭黑色雜質。紅柱石的產地有布列塔尼、阿韋龍省（Aveyron）和比利牛斯山區（Pyrénées），紅柱石寶石多產自巴西和斯裏蘭卡。矽鐵鋁榴石在高壓下形成，產地有印度和斯裏蘭卡。在法國，矽鐵鋁榴石的產地有阿爾薩斯省（Alsace）、多姆山省（Puy-de-Dôme）和上盧瓦爾省（Haute-Loire）。
詞源	紅柱石 Andalousite 來源於西班牙安達盧西亞（Andalousie）地區，矽鐵鋁榴石 sillimanite 是根據美國礦物學家 B. Silliman（1779~1824）而命名的。紅柱石的英語名稱為 Andalousite。
在高溫下	紅柱石具有二色性：淡紅色和綠色。紅柱石表層常變質成為白雲母。矽鐵鋁榴石常被用於珠寶業。

磷灰石、黃銅礦（b）和砷黃鐵礦
（a）（秘魯）

橙色方解石和紫色螢石上的磷灰石
（魁北克）

磷鈣土（凱爾西）

磷酸鹽（摩洛哥）

石英上的藍色磷灰石（巴西）

磷灰石

種類：羥磷灰石、氟磷灰石

磷灰石寶石
（墨西哥）

≡≡≡ **類別8：磷酸鹽**

⚗ **分子式：**$Ca_5(PO_4)_3(OH,F,Cl)$（羥基，氟和/磷酸鈣）

▲ **比　重：**3.16-3.22

◣ **硬　度：**5

顏色、透明度 光澤度	無色、白色、黃色、紅色、綠色、藍色，透明到半透明，玻璃光澤。
晶形、晶系	實心、膠質，六方晶系。
解理、斷口	解理不明晰，貝殼狀斷口。
產地	磷灰石大量存在於岩石中，月球中也有。在熱液脈礦中的晶體呈棱柱形或台狀，分佈於巴西、葡萄牙、加拿大等地。粒狀、實心、腎形，在沉積物中呈土質結核狀：摩洛哥磷酸鹽、凱爾西磷酸鹽。
詞源	磷灰石Apatite來自希臘語apatein，意為「迷惑人的騙子」，別名：膠磷礦collophane、磷鈣土phosphorite。
一種廣泛存在的礦物	磷灰石形成磷酸鈣、鍶和稀土，象牙和牙本質是由羥基磷灰石構成的，牙膏裏的氟離子能加固牙齒中的磷灰石，使牙齒免受細菌的侵蝕。磷灰石給化肥提供磷。緬甸的磷灰石是一種閃爍的寶石，被稱為“貓眼”，因為磷灰石中的雜質金紅石使之看上去像是一隻貓眼，其他某些種類的礦物也會閃爍，如綠柱石、櫚石、黃玉或電氣石。

片沸石上的魚眼石（巴西）

魚眼石（蒂羅爾）

魚眼石（巴西）

綠色魚眼石（印度）

魚眼石

類別9E：矽酸鹽、頁矽酸鹽

分子式：$(K,Na)Ca_4Si_8O_{20}(F,OH) \cdot 8H_2O$

比　重：2.3-2.4

硬　度：4.5-5

顏色、透明度光澤度	白色、粉色、綠色、黃色、紫色和褐色；透明到半透明；玻璃光澤。
晶形、晶系	實心、由細粒構成，晶體為假立方體或稜柱形，偶有台狀的；四方晶系或斜方晶系。
解理、斷口	{001} 完全解理，梯狀斷口。
產地	存在於熱液礦脈、變質玄武岩和矽卡岩中，產地有印度、巴西、蘇格蘭、加拿大、德國、挪威、日本、美國。在法國的產地有：聖納博（Saint-Nabor）、孚日山區（massif Vosgien）、比利牛斯山區（Pyrénées）和多姆山省（Puy-de-Dŏme）。
詞源	魚眼石 Apophyllite 來源於希臘語 apophylliso。
三個種類	魚眼石有三個種類：KF 魚眼石、OH 魚眼石和 NaF 魚眼石。第一種是最常見的，有多種顏色，其他兩種呈無色到白色，第三種也有褐色的。魚眼石是一種常見的礦物，常與沸石共存。

霰石〔朗德省
（Landes）〕

磨光後的霰石〔加爾省（Gard）〕

霰石〔多姆山省（Puy-de-Dôme）〕

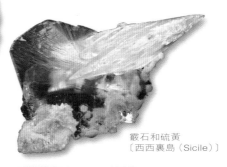
霰石和硫黃
〔西西裏島（Sicile）〕

霰石

種類：鉛霰石

類別5：碳酸鹽和硝酸鹽

分子式：CaCO₃，鉛霰石是含鉛的

比重：2.95

硬度：3.5-4

顏色、透明度 光澤度	無色、白色、灰色、淡藍色、淺灰色、黃色、橙色、淺綠色、淡紅色，透明至半透明，玻璃光澤至樹脂光澤。
晶形、晶系	晶體為假六邊形、假斜方晶，纖維性的、鐘乳石狀的，三斜晶系。
解理、斷口	{010} 完全解理，貝殼狀斷口。
產地	存在於大量沉積物中，常出現於溫泉和間歇性熱噴泉出口、蝕變基性岩和貝殼中。
詞源	霰石的名稱 Aragonite 來自西班牙阿拉貢 Aragón 地區。
一種廣泛存在的礦物	霰石的成分與方解石相同，但原子結構不同，以往常被認為是六邊形的。在 20 世紀，人們認為這些六邊形礦物是三種晶體的雙晶，屬於斜方晶系。2002 年，一項研究表明，霰石是三斜晶。這是一種不穩定的礦物，它在一定環境下會變成方解石。

自然銀與黃銅礦

方解石上的自然銀（挪威）

自然銀晶體
（挪威）

自然銀木化石（智利）

自然銀

相關種類：金銀礦、汞合金

类別1：元素

分子式：Ag

比重：10-11

硬度：2.5-3

顏色、透明度 光澤度	金屬白、銀白色、玫瑰紅色、淺黃色、淡褐色至黑色（氧化後），不透明，金屬光澤至無光澤（氧化時）。
晶形、晶系	晶體為立方體，立方晶系。
解理、斷口	無解理、無清晰解理，可壓延，有延展性。
產地	存在於熱液礦脈中。自然銀的傳統產地有：挪威康斯博，墨西哥，捷克共和國的雅克摩夫、德國的弗賴貝格等。在法國的產地位於上萊茵省（Haut-Rhin）和伊澤爾省（Isère）。
詞源	自然銀 Argent natif 來源於拉丁文 argentum，英文名稱是 Native silver。
小心硫黃	銀遇到硫黃後表面會變黑，經適當處理後會恢復原有光澤。與金或汞結合後，自然銀會變成銀金礦和汞合金。在法國上萊茵省的 Sainte-Marie-aux-Mines 發現過重量超過500千克的銀塊，但被保存下來的自然銀樣本卻非常少。相反的，康斯博的礦物博物館中展出有各種形狀的自然銀。

自然砷和石英（德國）

自然砷（上萊茵省）

石英礦脈中的自然砷（上萊茵省）

結核狀自然砷（加拿大）

自然砷

≡≡≡ 類別 1：元素

分子式：As

比重：5.7

硬度：3.5

顏色、透明度光澤度	灰白，帶有微白色硬殼，不透明，金屬光澤。
晶形、晶系	實心、層紋狀、球狀、針狀、腎形，三方晶系。
解理、斷口	{0001} 完全解理，梯狀斷口和參差狀斷口。
產地	產於挪威康斯博的熱液礦脈、捷克共和國和日本，法國上萊茵省的Sainte-Marie-aux-Mines發現過數公斤重的自然砷塊。
詞源	自然砷 Arsenic natif 來源於希臘語 arsenikon，意為"壞的、不祥的"。
潛在的毒藥	研磨自然砷能聞到大蒜味。自然砷呈像錫一樣的金屬白色，但很快會失去光澤變成灰黑色。在自然砷的表面能觀察到砷氧化後的白色硬殼，這是砷氧化後的礦物，其中包括砷華（老鼠藥）。其氧化物極易溶於水，也容易滲透雙手，因此處理砷需要戴手套，並且需要將砷置於兒童接觸不到的安全處，以免發生中毒事件。

伊利土

高嶺土

黏土

種類：高嶺土、蒙皂石、伊利石、綠泥石、海泡石

種類9E：矽酸鹽、頁矽酸鹽

分子式：

$Al_2Si_2O_5(OH)_4$（高嶺土和埃洛石）、$(Na,Ca)_{0,3}(Al,Mg)_2Si_4O_{10}(OH)_{22}\cdot nH_2O$（蒙脱石）、$K_{0.65}Al_2[Al_{0.65}Si_{3.35}O_{10}](OH)$（伊利石）、$Mg_4Si_6O_{15}(OH)_{22}\cdot 6H_2O$（海泡石）

比重：2.6（高嶺土）、2-2.7（蒙脱石）、2.25（皂石）、2.6-2.9（伊利石）

硬度：1-2

顏色、透明度光澤度	白色、灰色、淺黃色、淡褐色、淺綠色，透明到不透明，土質光澤。
晶形、晶系	土質、隱晶，三斜晶系（高嶺土）、單斜晶系（蒙脱石）。
解理、斷口	{001}極完全解理，土狀斷口。
產地	存在於蝕變地區的內生岩、沉積物、土壤和某些隕星中。
詞源	黏土 Argile 來源於拉丁語 argilla，英語名稱是 Clays。

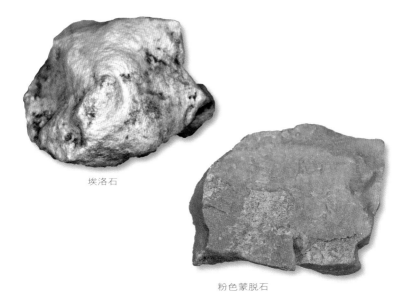

埃洛石

粉色蒙脱石

地球上的 生命起源	黏土是由鱗片組成的矽酸鹽礦物，這些鱗片是黏土能完全解理的原因。黏土是生命發展的重要礦物。如果沒有黏土，生物就不能繁衍，尤其是植物，它們需要不停地從土壤中汲取水分。大多數水分儲存在黏土的鱗片中，這些鱗片能吸收雨水。因而黏土是陸地植被乃至地球上的生命存在的關鍵因素。當一顆隕星在突尼斯的沙漠墜落後，法國礦物學家研究這顆隕石後發現黏土需要幾十年時間在隕星的輝石表面形成，然後被藻類的纖維侵佔。
種類	對於黏土的定義和分類一直是科學家們所爭論的問題，通常，根據其成分和晶系，黏土被分為四個種類： (a) 高嶺土：高嶺土、埃洛石等； (b) 蒙皂石：蒙脱石、綠脱石、皂石等； (c) 伊利石； (d) 其他黏土：海泡石、坡縷石等。 很多礦物學家把綠泥石、滑石和蛭石也歸於黏土（蒙皂石），也有些礦物學家認為高嶺土和綠泥石不屬於黏土。
黏土的 作用	黏土的作用多種多樣。高嶺陶瓷主要由高嶺土構成，蒙脱石常用於緩和受刺激的黏膜（腸腔黏膜或皮膚黏膜），皂石常被用於雕塑，海泡石則被用於吸收貓糞便，或經切割後用於製造小雕像和煙斗，蛭石則是一種隔熱絕緣材料。

閃鋅礦

砷黃鐵礦和閃鋅礦（科索沃）

砷黃鐵礦雙晶（墨西哥）

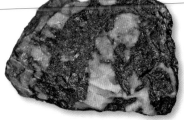

石英中的砷黃鐵礦（莫爾比昂省）

砷黃鐵礦晶體（葡萄牙）

砷黃鐵礦

類別2：硫化物和礦鹽

分子式：FeAsS

比重：6.1

硬度：5-6

顏色、透明度 光澤度	金屬灰色，不透明，金屬光澤。
晶形、晶系	實心，晶體呈棱柱形，有條痕，單斜晶系。
解理、斷口	{110} 解理清晰，梯狀斷口。
產地	存在於高溫金屬礦床、變質岩中。主要的礦區位於：葡萄牙、墨西哥、秘魯、玻利維亞、日本、中國、俄羅斯、科索沃、英國、德國和瑞士。在法國奧德省（Aude）的薩爾西尼有一個大型含金砷黃鐵礦，此外，多姆山省（Puy-de-Dôme）、利穆贊地區（Limousin）、瓦爾省（Var）、伊澤爾省（l'Isère）也是法國的砷黃鐵礦產區。
詞源	砷黃鐵礦 Arsénopyrite，顏色類似黃鐵礦 pyrite，而成分中富含砷 arsenic。法語中的同義詞是 Mispickel。
略帶大蒜味	碾磨砷黃鐵礦會散發出大蒜味。它常含有自然金，並因此身價大增。一旦砷黃鐵礦裏面的金被取出，砷就會污染環境，因此在奧德省的薩爾西尼金礦，人們需要經常清理地面和水域。

銅鈾雲母
〔阿韋龍省（Aveyron）〕

石英上的銅鈾雲母和鈣鈾雲母（德國）

鈣鈾雲母和銅鈾雲母

種類：準鈣鈾雲母、準銅鈾雲母

黑電氣石上的鈣鈾雲母（巴西）

≣≣≣ 類別8：磷酸鹽

🧪 分子式：

$Ca(UO_2)_2(PO_4)_2 \cdot 10\text{-}12H_2O$（鈣鈾雲母）、$Cu(UO_2)_2(PO_4)_2 \cdot 8\text{-}12H_2O$（銅鈾雲母）

🔻 比重：3.1-3.2

▰▰ 硬度：2-2.5

顏色、透明度光澤度	鮮黃色至黃綠色（鈣鈾雲母）、鮮綠色至深綠色（銅鈾雲母），透明至不透明，玻璃光澤。
晶形、晶系	晶體呈台狀，橫截面為扇形或玫瑰花式，四方晶系。
解理、斷口	完全解理，梯狀斷口
產地	存在於含鈾的熱液礦脈的氧化區域，傳統的礦區位於索恩盧瓦爾省（Saône-et-Loire）、阿韋龍省（Aveyron）和康沃耳郡（Cornouailles），德國福格特陸、葡萄牙塞圖巴爾、捷克共和國的雅克摩夫、美國斯波坎和剛果加丹加也有鈣鈾雲母和銅鈾雲母礦。在法國，上維埃納省（Haute Vienne）、旺代省（Vendée）和盧瓦爾省的礦區也已被開發。
詞源	鈣鈾雲母 Autunite 名稱來源於索恩盧瓦省的地名歐坦 Autun，銅鈾雲母 Torbernite 名稱來自於瑞典化學家 Tornbern（1735-1784）。
需要嚴密保存的礦物	這些礦物是具有放射性的，樣本需要密封保存以阻隔放射，尤其阻斷氡的放射，這是一種吸入後非常危險的放射性氣體。

83

石英礦脈與藍銅礦和孔雀石

藍銅礦和孔雀石鐘乳石
（美國亞利桑那州比斯比）

藍銅礦〔上萊茵省（Haut-Rhin）〕

藍銅礦和孔雀石

藍銅礦〔羅訥省（Rhône）〕

類別5：碳酸鹽和硝酸鹽

分子式：藍銅礦 $Cu_3(CO_3)_2(OH)$；孔雀石 $Cu_2(CO_3)(OH)_2$

比重：4.7

硬度：3.5-4

顏色、透明度 光澤度	淺藍色至深藍色，偶爾呈微黑色（藍銅礦），淺綠色至深綠色（孔雀石）；不透明至半透明；玻璃光澤。
晶形、晶系	實心、結核狀、鐘乳石的、纖維性的（僅孔雀石），晶體呈棱柱形、台狀，單斜晶系。
解理、斷口	{011} 極完全解理（藍銅礦）或 {201} 極完全解理（孔雀石）。貝殼狀斷口或土狀斷口（孔雀石），參差狀斷口。

孔雀石（摩洛哥）

孔雀石的光滑面
（剛果共和國，科盧韋齊）

產地	產於銅礦的氧化區域，產地有法國隆河省和納米比亞楚梅布以及美國亞利桑那州的比斯比等。最近在摩洛哥、墨西哥和中國等國家也發現過藍鐵礦和孔雀石晶體。傳統的呈乳頭狀突起的、鐘乳石狀的和條帶形的孔雀石產地有烏拉爾河和加丹加。在法國，除了著名的謝西礦區外，在孚日省（Vosges）、奧弗涅地區（Auvergne）、瓦爾省、盧瓦爾省（Loire）、塔爾納省（Tarn）、上薩瓦省（Savoie）、阿爾卑斯山沿海地區（Alpes-Maritimes）、科西嘉島（Corse）和比利牛斯山區（Pyrénées）也有眾多礦區。
詞源	藍鐵礦 Azurite 來自波斯語 lazhward，意為"藍色"，孔雀石 Malachite 來源於希臘語 malaché，意為"錦葵"（一種植物），因葉子的顏色得名。
兩種古老的礦物	這兩種緊密相關的礦物是最受收藏者熱捧的礦物之一，尤其是晶體為厘米級的藍鐵礦。雖然藍鐵礦自古以來就被作為色素，但直到19世紀，法國礦物學家 Beudant 才使用"藍鐵礦"一詞代替其他名稱。經過水合作用後，藍鐵礦會轉變成孔雀石，遠古時期用藍鐵礦繪畫的壁畫顏色因此會發生變化。很多綠色的孔雀石晶體是從藍鐵礦晶體轉變而來的。由於轉變不完全，有些樣本裏同時含有這兩種礦物，因而具有兩種顏色。孔雀石是在自然界中能大量獲取的美麗的礦物中的一種。有些孔雀石是纖維質的，帶有絲綢光澤，常形成鐘乳石，而藍鐵礦形成鐘乳石的情況則較為罕見。非洲的帶狀孔雀石常被用於製造裝飾物。俄羅斯的克里姆林宮是用整塊的孔雀石做出柱子來裝飾的。在非洲，數噸重的孔雀石曾被開採出來，尤其是在納米比亞的楚梅布。

石英上的斧石（勒布爾杜瓦桑，伊澤爾省）

斧石（瑞士）

石英上的斧石
〔勒布爾杜瓦桑（Le-Bourg-d'Oisans），
伊澤爾省（Isère）〕

斧石

種類：鐵斧石、錳斧石、鎂斧石

類別9B：矽酸鹽、儔矽酸鹽

斧石（巴基斯坦）

分子式：$Ca_2Fe^{2+}Al_2BO_3Si_4O_{12}(OH)$

比重：3.28

硬度：6.5-7

顏色、透明度 光澤度	紫褐色、藍紫色、灰色、灰綠色（鐵斧石）、淡藍色（鎂斧石）、黃褐色（錳斧石）。透明至半透明。玻璃光澤。
晶形、晶系	實心、頁片狀，三斜晶系。
解理、斷口	{100} 完全解理，貝殼狀斷口，參差狀斷口。
產地	出產於阿爾卑斯山區的熱液礦脈和變質岩，典型的產區是法國伊澤爾省的瓦桑地區聖克裏斯托夫以及勒布爾杜瓦桑市的週邊地區。瑞士、意大利、美國加利福尼亞、俄羅斯、巴西、日本和巴基斯坦也是斧石的產地。
詞源	斧石（Axinites）來源於希臘語 acine，意為斧頭。
法國特色	斧石是伊澤爾省勒布爾杜瓦桑市的驕傲，然而最大的斧石晶體並非產自勒布爾杜瓦桑，而是比利牛斯山區，那裏有至少3個斧石礦區。鐵斧石是最常見的斧石，錳斧石的顏色更紫，普通的斧石通常含鐵錳，因而顏色為紫褐色，而藍色的鎂斧石則是最稀有的。

冠狀重晶石（摩洛哥）

重晶石（多姆山省）

重晶石
（伊澤爾省）

重晶石（科羅拉多州，美國）

重晶石

≡≡≡ 類別7：硫酸鹽

🧪 分子式：$BaSO_4$

🔺 比重：4.5

🔽 硬度：3-3.5

顏色、透明度 光澤度	通常為無色，也存在灰色、淡褐色、黃色、橘色、淡藍色、淡綠色甚至淡紅色的重晶石。透明至半透明，玻璃光澤。
晶形、晶系	密集、實心，晶體呈薄片狀，晶體集合體呈雞冠狀，斜方晶系。
解理、斷口	{010}極完全解理，貝殼狀斷口。
產地	重晶石存在於眾多熱液礦層中，傳統的礦區位於英國、德國、美國科羅拉多州和摩洛哥。在法國，安德爾省（Indre）、阿韋龍省、加爾省曾出產過出色的重晶石。
詞源	重晶石 Barytine 來源於希臘語 baryos，意為"重"，英語名為 Barite。
密集	重晶石被稱為"變色龍"，它具有多種外形和岩相。對於一種透明的混合物來説，它非常密集（比重為4.5）。人們在鑽井時用重晶石來加重淤泥，或者用重晶石來中和碳氫化合物。將重晶石置於火焰中，火焰會呈現出美麗的鋇的綠色，用這種方法可以輕易地識別重晶石。

氟碳鈰鑭礦（巴基斯坦）

白雲石礦上的氟碳鈰鑭礦
〔阿里埃日省（Ariège）〕

氟碳鈰鑭礦
（馬達加斯加）

氟碳鈰鑭礦（巴基斯坦）

氟碳鈰鑭礦

類別5：碳酸鹽和硝酸鹽

分子式：(Ce, La, Y, Th) CO_3F

比重：4.7-5

硬度：4-5

顏色、透明度 光澤度	黃色至紅褐色、白色、褐色、灰色、粉色，透明至半透明，玻璃光澤至油脂光澤。
晶形、晶系	實心、由細粒構成，晶體呈棱柱形或六邊形薄塊，呈玫瑰花狀或球體，六方晶系。
解理、斷口	{0001} 不完全解理，梯狀斷口。
產地	存在於碳酸鹽岩（挪威、馬拉維）或鹼性花崗岩（挪威、格陵蘭島、科拉半島、魁北克）中，也曾發現存在於熱液礦床中和阿裏埃日省的滑石中。
詞源	氟碳鈰鑭礦 Bastnaésite 名字來源於瑞典的 Bastnas 礦區名。
一種戰略礦物	富含鈰的氟碳鈰鑭礦是最常見的氟碳鈰鑭礦，然而要把它從其他氟碳鈰鑭礦中區分出來卻需要深入的化學手段。氟碳鈰鑭礦和獨居石都是主要的稀土礦石，而稀土是目前國際關係的關鍵。很多氟碳鈰鑭礦含有放射性釷，因而需要密封隔離儲存。

多金屬結核的光
滑面（採集於聯
合島嶼東南處
4740米深處）

多金屬結核中的鯊魚牙
（採集於印度洋4545米深處，馬達加斯加以北）

薔薇輝石中的
樹枝石木化石
（馬達加斯加）

水鈉錳礦和水羥錳礦

種類：錳土、鈷土

類別4：氧化物和氫氧化物

鈷土（新喀里多尼亞）

分子式：水鈉錳礦$(Na,Ca,K)x(Mn^{3+},Mn^{4+})_2O_4 \cdot 1.5(H_2O)$，
水羥錳礦$(Mn^{4+},Fe^{3+},Ca,Na)(O,OH)_2 \cdot n(H_2O)$

比重：3

硬度：1.5

顏色、透明度 光澤度	深褐色至黑色，幾乎不透明，半金屬光澤至土質光澤。
晶形、晶系	無定形的實心、土質、結核狀、樹枝石木化石、結硬殼、單斜晶系。
解理、斷口	無解理，梯狀斷口。
產地	這兩種礦物是最近才被發現的，儲藏量非常豐富，它們是海洋多金屬結核和陸地錳礦石（錳土、鈷土）的組成部分。
詞源	水鈉錳礦 Birnessite 得名於蘇格蘭地名 Birness（天然水鈉錳礦首次在蘇格蘭 Birness 被發現），水羥錳礦 Vernadite 得名於俄羅斯礦物學家 Vernadskii。
重要的礦物	水鈉錳礦和水羥錳礦極少形成美麗的標本，常與錳的其他氧化物如軟錳礦或鋇硬錳礦混淆。最近被廣泛研究，它們在地球生命循環中具有重要作用，有些細菌會排泄出這些礦物的前體。

聖路易祖母綠
（55克拉，奧地利）

石狀綠柱石
（馬達加斯加）

藍色綠柱石寶石
（昂巴扎克，上維埃納省）

綠柱石

種類：祖母綠、海藍寶石、金綠柱石

≣≣ 類別9C：矽酸鹽、環狀矽酸鹽

🧪 分子式：$Be_3Al_2Si_6O_{18}$

🔺 比重：2.6-2.9

M 硬度：7.5-8

磨光的祖母綠（哥倫比亞）

顏色、透明度光澤度	綠色（祖母綠）至藍色（海藍寶石）、黃色（金綠柱石）、粉色（銫綠柱石）、紫紅色、無色（透綠柱石）。透明至半透明，玻璃光澤至樹脂光澤。
晶形、晶系	實心、棱柱狀、六邊形，六方晶系。
解理、斷口	{0001} 不完全解理，貝殼狀斷口。
產地	通常存在於偉晶花崗岩中（巴西、馬達加斯加、中國、巴基斯坦及西伯利亞地區），也有存在於片岩和石灰石中（哥倫比亞、奧地利），少有存在於流紋岩中。在法國有眾多產地，其中利摩日地區（Limousin）出產過美麗的綠柱石晶體，此外，莫爾比昂省（Morbihan）、阿利埃省（Allier）也是綠柱石產地。
詞源	綠柱石 Béryl 來源於希臘語 beryllos。
綠柱石	綠柱石自古代起就已經很著名，尤其是祖母綠，因其含有鉻和釩而彌足珍貴。綠柱石最早在埃及和奧地利被開採出來，然後又被發現於哥倫比亞和俄羅斯，如今在贊比亞也勘探出綠柱石。祖母綠價值很高，而海藍寶石則相對常見，紅色的綠柱石（紅綠柱石）極其罕見（主要存在於美國猶他州）。

經過琢磨的金綠柱石（巴西）

經過琢磨的鉋綠柱石（加利福尼亞）

經過琢磨的海藍寶石（巴西）

鉋綠柱石（馬達加斯加）

藍綠柱石
（西伯利亞）

金綠柱石（上維埃納省）

種類 根據成分不同，綠柱石可分為多個種類：
1. 透綠柱石：無色，
2. 祖母綠：綠色，由鉻和釩着色，
3. 海藍寶石：藍色，由鐵着色，
4. 金綠柱石：黃綠色，由鐵着色，
5. 鉋綠柱石：粉色，由錳着色，
6. 紅綠柱石：紅色，由錳着色。

紅綠柱石 "bixbite" 這種寫法不被建議，因為與方鐵錳礦 "bixbyite"（Mn,Fe）$_2$O$_3$ 的寫法太接近了。紅綠柱石是唯一在流紋岩洞穴中結晶的綠柱石。

有些祖母綠可呈現美麗的六角形，被稱為哥倫比亞祖母綠，哥倫比亞祖母綠可在腹足類動物上成形，變成稀有的化石。金綠柱石是黃綠色的綠柱石，金黃色的綠柱石也有，鉋綠柱石通常是粉色的，也有橙色的，無色的和淡綠色的綠柱石通常是經過 "改良" 的，從而變成非天然的海藍寶石。綠柱石，尤其是祖母綠可以通過水熱合成技術批量生產。

斑銅礦單晶
（巴拉巴，俄羅斯）

呈現虹色的黃銅礦中的
藍紫色斑銅礦

斑銅礦晶體集合體
（雷德魯思，康沃爾）

斑銅礦

整塊斑銅礦

類別2：硫化物和礦鹽

分子式：Cu₅Fe(II)S₄

比重：4.9-5.3

硬度：3

顏色、透明度光澤度	紅銅色，紫色至深藍色，銅褐色，不透明，金屬光澤。
晶形、晶系	實心、虹色、腎形，鮮有結晶，斜方晶系（20℃）或立方晶系（> 228 ℃）。
解理、斷口	{111}不完全解理，貝殼狀斷口。
產地	斑銅礦是銅的古生代和中生代熱液脈和次火山堆的礦物，康沃爾礦區、德國礦區、納米比亞梅楚布礦區、摩洛哥礦區和秘魯礦區是著名的斑銅礦礦區。在法國，斑銅礦分佈廣泛：孚日省、弗朗什孔泰（Franche-Comté）、布列塔尼（Bretagne）、阿利埃（Allier）、勃艮第（Bourgogne）、瓦爾、隆河省、阿爾卑斯山區等都是斑銅礦產區。
詞源	斑銅礦的名字 Bornite 來源於奧地利礦物學家 Ignaz von Born（1742~1791）。
彩虹色礦石	斑銅礦往往和黃銅礦結合在一起，斑銅礦石可呈現明顯的彩虹色。對於礦物的初學者來說，這是斑銅礦的一個顯著特點。斑銅礦晶體是極其罕見的，通常是變形的立方體，或者十二面體和八面體。斑銅礦在室溫下是斜方晶，但當氣溫高於228℃時則變成立方晶。在某些海底能發現斑銅礦。

方鉛礦上的硫銻鉛銅礦
（杉德爾帕斯科，秘魯）

硫銻鉛銅礦（多姆山省）

閃鋅礦上的硫銻
鉛銅礦〔加爾省
（Gard）〕

變質的硫銻鉛銅礦，表面
是孔雀石（伊澤爾省）

硫銻鉛銅礦

≡≡≡ 類別2：硫化物和礦鹽

🏺 分子式：$PbCuSbS_3$

🔺 比重：5.8

🔻 硬度：2.5-3

硫銻鉛銅礦（康沃爾）

顏色、透明度光澤度	黑色、灰色、鋼色，不透明、金屬光澤。
晶形、晶系	實心、晶體是扁平的，通常形成齒輪狀雙晶，或者呈準立方體形，斜方晶系。
解理、斷口	{010} 不完全解理，貝殼狀斷口。
產地	傳統的產地為康沃爾，礦物學家 de Bournon 曾描述過。在秘魯、墨西哥、澳大利亞和中國也發現過硫銻鉛銅礦。在法國，加爾省、多姆山省、伊澤爾省也出產硫銻鉛銅礦。
詞源	硫銻鉛銅礦的名稱 Bournonite 起自於法國礦物學家 Jean-Louis de Bournon（1751~1825）。
齒輪狀的礦石	硫銻鉛銅礦常形成齒輪狀雙晶，這些美麗的硫銻鉛銅礦樣本往往是收藏家們追尋的目標，其價格也隨之飆升。

墨銅礦晶體（瑞典）

淺藍色的水鎂石晶體
（蒂莉福斯特礦區，紐約）

整塊水鎂石（瑞典）

水鎂石

相關種類： *方鎂石、三水鋁礦、墨銅礦*

類別4： 氧化物和氫氧化物

分子式： $Mg(OH)_2$

比重： 2.4

硬度： 2.5-3

顏色、透明度 光澤度	無色、白色、淡黃色、淡藍色、淡綠色、灰色，透明至半透明，玻璃光澤至樹脂光澤。
晶形、晶系	實心，晶體偶爾呈台狀，末梢為菱面體，層紋狀、葉片狀纖維，三方晶系。
解理、斷口	{0001}極完全解理，梯狀斷口。
產地	水鎂石存在於含鎂的蛇紋岩、片岩（綠泥石、白雲石）和矽卡岩以及被火山包圍的地區，如魁北克、意大利（瓦萊達奧斯塔和維蘇威）。在法國，比利牛斯山區的卡斯特博納為水鎂石產區。
詞源	水鎂石Brucite得名於美國礦物學家A. Bruce（1777~1818）。
無所不在的 水鎂石	在濕潤的環境下，方鎂石經過羥基化作用幾乎瞬間形成水鎂石，火山方鎂石在高溫下形成（比如在維蘇威火山）並完全變質成為水鎂石。水鎂石常與含礬的三水鋁礦結合在一起。

錫石（玻利維亞）

錫石寶石（玻利維亞）

錫石〔莫爾比昂省（Morbihan）〕

錫石

類別4：氧化物和氫氧化物

分子式：SnO$_2$

比重：6.6-7

硬度：6-7

錫石（墨西哥）

顏色、透明度 光澤度	褐色、灰色、黑色、綠色、橙色、黃色、無色，透明至不透明，金剛石光澤。
晶形、晶系	密集、實心、偶呈纖維狀、棱柱形，偶有雙晶，四方晶系。
解理、斷口	{100}極完全解理，梯狀斷口。
產地	存在於高溫熱液脈礦和花崗岩中。德國和英國康沃爾郡的傳統礦區已被玻利維亞、印度尼西亞和中國的礦區所取代。在法國，莫爾比昂省出產的錫石晶體是具有標誌性的，布列塔尼（bretonnes）的阿巴雷特（Abbaretz）、聖雷南（Saint-Renan），利穆贊（Limousin）的沃爾里（Vaulry）和阿利埃省（L'Allier）的埃沙西埃（Échassières）也是錫石產區。
詞源	錫石 Cassitérite 名字來源於希臘語 kassiteros，意為"錫"。
錫礦石	目前，中國正致力於在原生礦床裏開採錫石，但絕大多數錫石都產自沖積層。古代柯爾特人在歐坦地區的沖積層開採出錫石，用於製造古青銅和玻璃漿，鐵雜質會使錫石着色，若無色，則錫石中不含鐵雜質。

磨光的綠玉髓（波蘭）

恐龍骨化石瑪瑙
（猶他州，美國）

新石器時代經過琢磨的燧石
〔安德爾 - 盧瓦爾省
（Indre-et-Loire）〕

玉髓

種類：瑪瑙、縞瑪瑙、光玉髓、碧玉、燧石

類別4：氧化物和氫氧化物

分子式：$SiO_2 \cdot nH_2O$

比重：2.6

硬度：6.5-7

光玉髓（印度）

顏色、透明度 光澤度	有很多種類：無色、白色（縞瑪瑙）、灰色、黃色、橙色（光玉髓）、紅色（碧玉）、綠色（雞血石、綠玉髓、瑪瑙、鉻玉髓）、褐色（瑪瑙、縞瑪瑙）、黑色（縞瑪瑙）。透明至半透明，玻璃光澤。
晶形、晶系	實心、結核狀腎形礦塊，常有環形條紋，內部有許多小斑點，部分玉髓被其他種類的礦物晶體，如石英或方解石包圍覆蓋。常被描述為非晶形的，而實際上是隱晶。玉髓是一種岩石，不過它常被認為是石英的一種。
解理、斷口	無解理，貝殼狀斷口。
產地	存在於變質火山熔岩的氣泡中和熱液礦床以及沉積岩（矽質海綿骨針）中。傳統的玉髓礦區位於德國伊達爾奧伯、印度、馬達加斯加、巴西的南里奧格蘭德州、俄勒岡州、墨西哥、非洲和東部地區。在法國，阿利埃省（Allier）的沙泰勒佩龍（Chatel-Perron）、塔爾納省（Tarn）的蒙特雷東（Montredon）出產美麗的瑪瑙，埃斯特雷爾（L'Estérel）出產岩泡，巴黎盆地則出產白堊的燧石。
詞源	玉髓 Calcédoine 的名字來源於希臘語 Khalkédôn，是亞洲一座礦物城市的名字，玉髓的英語名稱為 Calcedony。

條帶狀瑪瑙和紫晶（奧弗涅地區的沙泰勒佩龍）

玉髓
（南里奧格蘭德州，巴西）

瑪瑙盆（德國，18世紀）

瑪瑙（水鈉錳礦的樹枝石木化石，印度）

玉髓的其他種類	砂金石：綠色，被鐵着色 瑪瑙：多色晶帶 縞瑪瑙：黑白晶帶 纏絲瑪瑙：褐色、橙色、白色晶帶 肉紅玉髓：黃色、褐色 光玉髓：橙色至鮮艷的紅褐色 黑矽石：由纖維狀矽微粉組成 燧石：在石灰石中形成，考古學家把燧石定義為高質量的黑矽石。 玉髓（瑪瑙、碧玉）由火山岩（火山熔岩、火山灰）變質形成，也可以由生物成因（海綿骨針、放射蟲類等）形成。 玉髓的多樣性使之成為一種非凡的礦物，尤其是瑪瑙，它給予從古至今的作家們以無數的靈感，其中包括法國著名作家羅歇·卡洛瓦（1913~1978）。
假礦物，真岩石？	玉髓自古以來就常被私人收藏或保存在博物館裏，被認為具有較高的價值。然而國際礦物協會卻認為玉髓屬於石英，而不是一種單獨的礦物。國際礦物協會的這種歸類法具有較大的爭議，因為玉髓和石英不論在物理屬性還是結構上都有眾多差異，把玉髓歸為岩石倒更為接近。碧玉是黏土質玉髓，因而屬於岩石，而雞血石中的紅斑是因為含有赤鐵礦的微粒而形成的。綠玉髓的綠色是由於含有鎳利蛇紋石（一種含鎳的利蛇紋石）雜質而形成的。相同的，鉻玉髓的綠色是由鉻鐵礦的微粒着色的。

方解石
（南里奧格蘭德州，巴西）

球菱鈷礦和孔雀石（剛果民主共和國）

鈣菱錳礦（聖瑪麗礦物村，上萊茵省）

方解石

≡≡≡ 類別5：碳酸鹽和硝酸鹽

分子式：$CaCO_3$

比重：2.71

硬度：3

經過琢磨的方解石（猛拱，緬甸）

顏色、透明度光澤度	無色、白色、粉色、藍色、綠色、黃色、橙色、紅色、褐色，透明至半透明，玻璃光澤。
晶形、晶系	集合體形態或塊狀結晶，晶形極為多變：棱柱體，菱面體，偏三角面體以及多雙晶體；石鐘乳形狀，三方晶系。
解理、斷口	沿菱面體的三個面極完全解理，貝殼狀斷口（常常被三種解理掩蓋）。
產地	方解石無所不在：火山岩（碳酸鹽岩）、熱液岩、沉積岩（石灰石、石灰華）、變質岩（大理石、矽卡岩）。傳統的礦區位於英國坎伯蘭、德國的安德烈亞斯‧伯格、巴西的里奧格蘭德、美國的西納西州、印度的孟買、冰島、墨西哥、俄羅斯達利涅戈爾斯克和中國。墨西哥的條紋大理石和方解石出自方解石岩層（方解石術語同樣用在結塊石膏上）。在法國，加夫（Gave）、波城（Pau）和楓丹白露（Fontainebleau）都出產過美麗的"鑽石方解石"。

珍珠（產自岩洞）

方解石的光滑切片

方解石"鑽石"
（波城·比利牛斯—大西洋）

製粗陶的霞石
（貝勒克魯瓦·楓丹白露）

詞源	方解石Calcite名字來源於拉丁語calx，意為石灰。
礦物學明星	接近4%的地殼是由方解石組成的。方解石和其他礦物形成了一系列的中間產物，其中有菱鐵礦（$FeCO_3$）、菱鋅礦（$ZnCO_3$）、菱鎂礦（$MgCO_3$）和碳酸鈷（$CoCO_3$）。方解石和碳酸鈷的中間產物的術語是球菱鈷礦，有着漂亮的粉紫色。鈣菱錳礦（方解石和菱錳礦的中間產物）不完全是菱錳礦，儘管它們的顏色很容易混淆（淺粉色）。法國礦物學家阿羽依（1743~1822）發現了方解石的三重解理，這使礦物學發生了重大的變革。聯繫結構，阿羽依推斷出礦物種類的定義，這個概念被延用至今。方解石是礦物形態呈現出最多樣性的一種晶體：棱柱、偏三角面體、菱形六面體、雙晶、假晶。一些收藏者們對方解石極為熱衷。通過蒸發過飽和碳酸鈣溶液和礦物細菌能形成鐘乳石和石筍（代謝碳酸鈣）。它們往往含有不可忽略的有機物質，沉積方解石可以顯示不同的漂亮紫外熒光。方解石（或者文石，三斜晶系）對於吸收大氣中的二氧化碳、對於生物（藻類，珊瑚，貝殼）的產生都有重要作用。 方解石是製造玻璃、水泥，改良酸性土壤，中和污水的主要原料。

天青石（巴黎）

天青石晶洞（馬達加斯加）

透明天青石（馬達加斯加）

天青石

類別7：硫酸鹽

分子式：$SrCO_4$（鍶硫酸鹽）

比重：3.9-4

硬度：3-3.5

天青石伴生方解石
（巴爾瑟洛內特，上普羅旺斯阿爾卑斯省）

顏色、透明度光澤度	藍色、褐色、無色、綠色、灰色、黃色，透明至半透明，玻璃光澤。
晶形、晶系	集合體形態，呈細粒狀，纖維狀，棱柱形晶體，可拉長。屬斜方晶系。
解理、斷口	{001}平行底面完全解理。貝殼狀斷口。
產地	天青石見於熱液礦脈但更常見於蒸發而得的沉積岩中，比如在西西里島、馬達加斯加和德國。在法國，產地有巴黎、羅納山谷（Rhône）和普羅旺斯（Provence）的龜甲石和沉積物中（孔多塞，聖蓬）。
詞源	天青石célestite來源於拉丁語 "coelestis" 意為 "天上的，卓絕的"。
藍色似天空	最漂亮的藍天青石晶洞出自馬達加斯加。當它被火焰加熱時，火焰會變成紅色，表示裏面含有鍶元素。（當裏面的重晶石裏存在銀元素時，火焰呈綠色）。紅色煙花中的硝酸鈉和硝酸鍶就是從天青石中提取的。人們也把天青石中的鍶添加到製糖工廠的廢糖蜜中。

棱柱形白鉛礦
〔阿爾代什省
（Ardèche）〕

白鉛礦伴
生重晶石
（摩洛哥）

白鉛礦（楚梅布，納米比亞）

經過琢磨
的白鉛礦
（37克拉）

白鉛礦

≣≣ 類別5：碳酸鹽和硝酸鹽

🧪 分子式：PbCO₃（碳酸鉛）

🔺 比重：6.6

🔽 硬度：3-3.5

白鉛礦雙晶〔謝拉克，
安德爾省（Indre）〕

顏色、透明度 光澤度	無色，白色，灰色，黃色，藍色，綠色。透明至半透明，金剛石光澤。
晶形、晶系	實心，呈細粒狀，棱柱形單晶體，網狀雙晶，斜方晶系。
解理、斷口	{110} 和 {021} 不完全解理，貝殼狀斷口。
產地	白鉛礦產於含鉛礦床的氧化區，由方鉛礦構成。白鉛礦的著名產地有納米比亞（楚梅布）、摩洛哥、剛果（明杜利）、澳大利亞和德國。在法國的產地有：施泰因巴赫（上萊茵省）、中央高原的眾多礦山、謝拉克（安德爾省）以及加爾省、科雷茲省、阿韋龍省、塔爾納省的聖薩爾維德拉-巴爾姆（à Saint-Salvy de la Balme）、瓦爾省和阿爾代什省（Ardèche）。
詞源	白鉛礦來源於拉丁語 "cerussa"，指白色的鉛。
一種漂亮的 礦物	白鉛礦雙晶常被收藏家們爭相搜尋，尤其是呈現六角片狀的白鉛礦雙晶。另外，白鉛礦的金剛光澤更使它呈現緻密塊狀。威尼斯的白鉛在英國伊莉莎白一世時期是盛極一時的化妝品，可用於美白皮膚。但它同時也是令人生畏的毒藥，會引起鉛中毒。

球菱鈷礦的輝銅礦結晶
（剛果共和國）

部分輝銅礦變質成孔雀石

輝銅礦（布里斯托，康涅狄格）

輝銅礦

輝銅礦

≡≡≡ 類別2：硫化物和硫鹽

🧪 分子式：CU₂S（硫化銅）

🔺 比重：5.5-5.8

硬度：2.5-3

顏色、透明度光澤度	藍黑、黑至鐵灰。不透明，暗淡金屬光澤（被氧化）。
晶形、晶系	集合體，由細粒構成，單斜晶系。
解理、斷口	{110}不完全解理，貝殼狀斷口。
產地	輝銅礦來源於次生礦物滲碳礦物層。美麗的輝銅礦晶體來自於美國（巴特和布里斯托）、英國（康沃爾）、納米比亞（楚梅布）、澳大利亞、剛果（科盧韋齊）、哈薩克和意大利。在法國的產地位於：阿利埃省（Allier）、上盧瓦爾省、科西嘉省（Corse）、阿里埃日省（Ariège）、塔爾納省、盧瓦爾省（Loire）和羅納省。
詞源	輝銅礦來源於希臘語的"Chalkos"，意為"銅"。
輝銅礦	輝銅礦憑藉它的高含銅量（含量為80%）成為最深受歡迎的銅礦石之一，輝銅礦滲碳處理後可提煉大塊銅。很多原生銅礦石的假晶呈現出各種各樣的外形。輝銅礦結晶很稀少，因而珍貴。最近剛果和哈薩克的一些礦山中也出產了一些美麗的樣本。

黃銅礦和孔雀石

表面氧化的
黃銅礦

黃銅礦（聖瑪麗 - 奧米內縣，
上萊茵省）（伊澤爾省）

黃銅礦

黃銅礦（弗賴貝格，德國）

≡≡≡ 類別2：硫化物和礦鹽

🧪 分子式：$CuFeS_2$（銅鐵硫化物）

🔺 比重：4.1-4.3

🔽 硬度：3.5

顏色、透明度 光澤度	金黃色、黃銅色和虹色，顏色比黃鐵礦更黃。不透明，金屬光澤。
晶形、晶系	集合體，粒狀，單晶或聯合成集合體，四方晶系。
解理、斷口	無解理，梯狀斷口。
產地	黃銅礦產於在某些隕石、次火山岩、熱液礦脈或者經過蒸發的沉積岩中。黃銅礦的產地位於秘魯、墨西哥、羅馬尼亞、科索沃、德國、英國等。在法國，具有象徵性的黃銅礦晶體出產於上萊茵省的聖瑪麗奧米內縣（Sainte-Marie-aux-Mines），另外，伊澤爾省（Isère）、塔爾納省（Tarn）也是黃銅礦產區。
詞源	黃銅礦來源於希臘語的 "chalkos"，意指 "銅"。
銅礦石	黃銅礦是銅礦石的主要來源，但是黃銅礦晶體較少見並且難搜尋到。黃銅礦和黃鐵礦經常會被誤認為黃金，因此黃銅礦和黃鐵礦有個外號叫 "愚人金"。黃銅礦晶體形狀酷似四面體晶體，但事實上是半面晶體。含金黃銅礦在美洲較為常見，但在歐洲則極其罕見。

斜綠泥石
（皮埃蒙）

鉻綠泥石（埃爾
津詹，土耳其）

斜綠泥石
（西伯利亞，
俄羅斯）

石英綠泥石
（阿爾卑斯山，瑞士）

綠泥石

種類：斜綠泥石，錳綠泥石，鮞綠泥石

類別9E：矽酸鹽，頁矽酸鹽。

分子式：$(Mg，Fe)_3(Si，Al，Cr)_4O_{10}(OH)_2(Mg，Fe)_3(OH)_6$（鎂鐵鋁矽酸鹽）

比重：2.6-3.3

硬度：2-2.5

顏色、透明度光澤度	綠色、黃綠色、紅色、白色、褐色或紫色，透明至半透明，玻璃光澤，解理面上為珍珠光澤。
晶形、晶系	集合體，細粒狀，纖維狀，板狀（亞穩鉀霞石），內含其他礦石，比如石英，單斜晶系。
解理、斷口	{001} 完全解理，參差狀斷口。
產地	綠泥石產於富含鎂鐵岩石的變質岩。人們也能在結合硫化物和綠簾石的熱液岩礦脈中找到綠泥石。綠泥石也存在於低溫下結合沸石的變質礦物。典型的產地有阿爾卑斯山脈（蒂羅爾、瑞士、意大利）、俄羅斯和西班牙，鉻綠泥石的主要產地為土耳其。
詞源	綠泥石來源於希臘語"chloros"，意指綠色。
無處不在的彩色	綠泥石含有元素正價鐵、鎂、錳，分別被命名為鮞綠泥石、斜綠泥石、錳綠泥石。鉻綠泥石是含鉻斜綠泥石的一個變種，顏色是漂亮的紫色。綠泥石也會出現在地球的地幔中。綠泥石中富含羥基，羥基元素有助於亞地殼的水合反應。

經切割的變石
（10克拉，烏拉爾河）

金綠寶石（圖阿
馬西納·馬達
加斯加）

輪狀金綠寶石
雙晶（俄羅斯）

金綠寶石

種類：變石，貓眼石

≡≡≡ 類別4：氧化物和氫氧化物

🧪 分子式：$BeAl_2O_4$（鈹鋁氧化物）

🔺 比重：3.5-3.85

〰 硬度：2-2.5

金綠寶石（巴西）

顏色、透明度光澤度	藍綠色、綠色、翠綠、棕綠色、黃綠色、棕色、灰色。透明至半透明，玻璃光澤。
晶形、晶系	棱柱形、台狀，有時呈現V形或輪狀雙晶（2個或6個單晶），斜方晶系。
解理、斷口	{110} 解理清晰完全，梯狀斷口。
產地	金綠寶石產於偉晶岩以及偉晶岩的沖積層。金綠寶石的著名產地有烏拉爾河、斯里蘭卡、巴西、馬達加斯加和緬甸。近年來印度也開始出產出色的變石。法國的莫爾比昂省（Morbihan）的佩內斯坦（Penestin）和阿里埃日省（Ariège）都出產變石。
詞源	金綠寶石一詞來源於希臘語 "chrysos"，指示一些金綠寶石的顏色是金黃色。
兩個 "明星"變種	金綠寶石是受到高度評價的寶石，它的變種通常是黃綠色的。金綠寶石在它的兩個美麗的變種寶前常常顯得黯然失色，其中一個變種是金綠貓眼（或者貓眼石），紅礦石裏的針狀內含物出現一定方向的光帶（其他寶石，比如石英、電氣石、合成藍寶石也都會顯現這種閃光，也都被叫做貓眼石）。另一個寶石明星是翠綠寶石，在太陽光下呈現翠綠色，在非自然光下呈現紅紫色。不久前，合成的翠綠寶石大量涌入市場。

矽孔雀石
（墨西哥）

矽孔雀石
（剛果金）

矽孔雀石
（剛果金）

矽孔雀石（亞利桑那，美國）

矽孔雀石

種類：水藍銅礦，石英

類別9E：矽酸鹽，頁矽酸鹽

分子式：$(Cu，Al)_2 H_2 Si_2 O_5 (OH)_4 \cdot n(H_2O)$
（水合銅鋁矽酸鹽）

比重：1.9-2.4

硬度：2.5-3.5

顏色、透明度 光澤度	天藍色、藍黑色、藍綠色、綠色、褐色。透明至不透明，玻璃光澤至土質光澤。
晶形、晶系	塊狀，鐘乳狀，土狀，非晶形或是斜方晶系。
解理、斷口	無解理。參差狀斷口。
產地	矽孔雀石產於銅礦床的變質岩。傳統產地有亞利桑那的比斯比、墨西哥、以色列、秘魯、剛果。在法國的產地有：阿爾薩斯〔(Alsace)，(聖瑪麗奧米內)〕，隆河省（謝西），塔爾納省、勃艮第以及許多其他地區。
詞源	矽孔雀石來源於希臘語 "chrysoskolla"，意指膠態金。英語名是 "chrysocolla"。
礦物、準礦物或是岩石？	矽孔雀石被定義為一種接近高嶺石的頁矽酸鹽。但是，本書的作者最近指出矽孔雀石也可被認作為混合了稀有礦物和二氧化矽的混合物，此礦物是水藍銅礦，分子式為 $Cu(OH)_2$。矽孔雀石的斜方晶系結晶系統事實上是水藍銅礦的結晶系統，水藍銅礦在空氣中極不穩定。但二氧化矽束縛了水藍銅礦，因此矽孔雀石是相對穩定的。儘管矽孔雀石暴露在空氣中，它仍能保持有效成分。矽孔雀石不貴，也是藍色的，它經常被以假亂真當做綠松石被銷售。

石英伴生辰砂（雷阿爾蒙，塔爾納省）

辰砂結晶和石英
（湖南省，中國）

黑辰砂（加利福尼亞，美國）

辰砂（從阿爾姆，西班牙）

辰砂

相關類別：黑辰砂

類別2：硫化物和磺鹽

分子式：HgS（硫化汞）

比重：8.1（對於一種透明礦物來說極其罕見）、7.7-7.8（黑辰砂）

硬度：2-2.5（辰砂）、3（黑辰砂）

顏色、透明度光澤度	朱紅色、棕紅色、棕玫瑰色、灰色（黑辰砂），金剛石光澤（辰砂）至金屬光澤（黑辰砂）。
晶形、晶系	塊狀集合體，細粒狀，起伏突起狀，三方晶系（辰砂）、立方晶系（黑辰砂）。
解理、斷口	{1010} 完全解理（辰砂），參差狀斷口。
產地	辰砂產於低溫熱液礦床，比如在西班牙（阿爾馬登）、德國（Moschellandsberg）、意大利（蒙特阿米亞塔）、斯洛文尼亞（伊德里亞）、加利福尼亞、哈薩克。尤其是在中國，出產了特別優質的晶石。在法國產地有阿韋龍省的 Pessens、塔爾納省的雷阿爾蒙、伊澤爾省的 Challanches。
詞源	辰砂來源於拉丁語"cinnabaris"，意為一硫化汞。英文名為"Cinnabar"。
從辰砂到黑辰砂	辰砂是黑辰砂的低溫形態，辰砂變成黑辰砂的最低溫度是344℃。因此人們能在處於火山狀態的辰砂礦床中找到黑辰砂（加利福尼亞的北部）。辰砂被用作顏料、抗真菌劑和提煉汞的來源（已有悠久的歷史）。另外，關於一硫化汞，人們時常觀察到有着銀白光澤的自然水銀滴。

鈮鐵礦碎片

鉭鐵礦
（馬達加斯加）

鈮鐵礦單晶
（莫桑比克）

鈳鉭鐵礦

種類：鈮鐵礦（Fe，Mn，Mg），鉭鐵礦（Fe，Mn）

≡≡≡ 類別4：氧化物和氫氧化物

鉭鐵礦單晶

分子式：（Fe，Mn，Mg）Nb₂O₆（鈮鐵礦），（Fe，Mn）（Ta，Nb）₂O₆（鉭鐵礦）

比重：5.3-7.3（鈮鐵礦），8.2（鉭鐵礦）

硬度：6（鈮鐵礦）至6.5（鉭鐵礦）

化學分子式	鈮錳礦，鎂鈮鐵礦分別含有豐富的錳元素和鎂元素。
顏色、透明度光澤度	黑色至棕黑色，透明至不透明，半金屬光澤。
晶形、晶系	塊狀集合體，細粒狀，層紋狀，條痕狀，斜方晶系。
解理、斷口	{010}完全解理，貝殼狀斷口。
產地	鈳鉭鐵礦產於偉晶岩及其衝擊岩，比如在澳大利亞、加拿大、巴西、剛果、盧旺達、中國以及馬達加斯加。在法國的產地有：阿利埃省（Allier）的埃沙西埃（Échassières）和上維埃納省（Haute-Vienne）的昂巴扎克（Ambazac）。
詞源	鈳鉭鐵礦一詞來源於"鈳"，舊時金屬鈮和金屬鉭的名字。
一種"血礦"	在"鈳鉭鐵礦"的名稱裏，包括了鈮鐵礦和鉭鐵礦礦物家族。鈮鐵礦是含鈮、含錳或含鎂的此類礦物的新正式名稱。鈳鉭鐵礦被用於微電子（尤其是鉭手機和電腦）。為了鈳鉭鐵礦的控制權，從20世紀90年代起，中非爆發過一系列暴力衝突。

$（Ta，Nb）_2O_6$

董青石單晶
寶石中間的
多色性

董青石的多色性（多姆山省）

塊雲母上變
質的董青石
（多姆山省）

董青石

種類：董青石

類別9C：矽酸鹽和環狀矽酸鹽

分子式：$Mg_2Al_4Si_5O_{18}$ 鎂鋁矽酸鹽

比重：2.55-2.75

硬度：7

磁黃鐵礦伴生董青
石晶體（博登邁斯，
巴伐利亞，德國）

顏色、透明度光澤度	藍紫色、無色、淺灰色、淡藍色、黃色。透明至半透明，玻璃光澤。
晶形、晶系	塊狀集合體，細粒狀，棱柱狀。斜方晶系。
解理、斷口	{010} 完全解理，貝殼狀斷口。
產地	董青石產於火成岩漿岩和變質岩（高溫下）以及它們的衝擊層。著名產地有斯里蘭卡、印度、緬甸、馬達加斯加。在法國，深熔董青石產於中央高原（布里尤德）以及阿利埃省（Allier）埃沙西埃的淡色花崗岩中，克勒茲（Creuse）的蘇芒。
詞源	董青石一詞得名於法國地質學家P. L. A. Coedier（1777~1861）。
"水藍寶石"	古人稱董青石為"水藍寶石"，因為它具有漂亮的藍色。董青石最驚人的屬性是它的多色性（它有隨着晶體的方向改變顏色的本事）是肉眼清晰可見的（另見黝簾石説明）：從藍紫到黃色、灰色再到淡藍色，它因此而被命名為"董青石"。

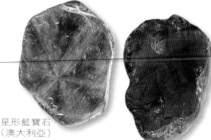

塊狀剛玉

紅寶石
（猛拱，緬甸）

星形藍寶石
（澳大利亞）

雙色藍寶石（18克
拉，鑲嵌在法國王
冠上）

紫色剛玉
（斯里蘭卡）

紅寶石（3.5克拉，
鑲嵌在法國王冠上）

剛玉

種類：紅寶石，藍寶石，剛石

⌇≡⌇ **類別4**：氧化物和氫氧化物

🝪 **分子式**：Al_2O_3（氧化鋁）

△ **比重**：4-4.1

▬ **硬度**：9

剛石（納克索斯島，希臘）

顏色、透明度光澤度	無色、黃色、綠色、紅色（"紅寶石"）、粉橙色（"帕德瑪剛玉"）、藍色（"藍寶石"）、紫色、灰色、棕色，透明至半透明，玻璃光澤。
晶形、晶系	塊狀集合體，由細粒構成，常呈現棱柱狀結晶或六方柱狀，六方晶系。
解理、斷口	無解理。斷口困難（太堅硬）。
產地	剛玉產於變質岩的接觸面（矽卡岩等）、麻粒岩及其沖積層。紅寶石的標誌性產地有緬甸的猛拱，而藍寶石的著名產地有斯里蘭卡、克什米爾（印度、巴基斯坦、中國）以及緬甸的猛拱。紅寶石和藍寶石的其他著名產地有馬達加斯加、肯尼亞、坦桑尼亞、巴基斯坦和越南。在法國，衝擊剛玉見於盧瓦爾河（Loire）沿線以及布列塔尼地區（Bretagne）和羅納河（Rhône）等地。
詞源	剛玉起源於梵語的 "kuruvinda"，意為紅寶石，英文是：corundum。
極其堅硬	剛玉砂是一種由剛玉、尖晶石、磁鐵礦和/或赤鐵礦組成的岩石，作為研磨劑使用。緬甸的紅寶石 "鴿血" 是一種很流行的寶石。緬甸藍寶石往往是深藍色的。在某些剛玉裏，金紅石包體具有驚人的星彩。剛玉往往會被熱處理，以改良其顏色和清晰度。

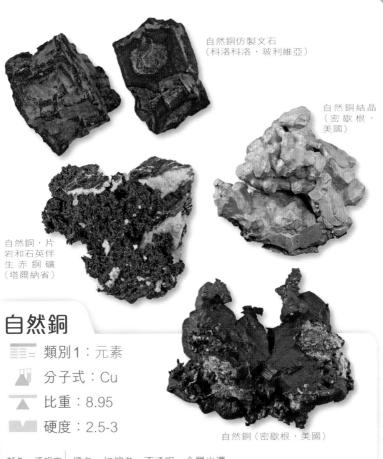

自然銅仿製文石
（科洛科洛，玻利維亞）

自然銅結晶
（密歇根，
美國）

自然銅，片
岩和石英伴
生赤銅礦
（塔爾納省）

自然銅（密歇根，美國）

自然銅

≡≡≡ 類別1：元素

🧪 分子式：Cu

🔺 比重：8.95

🔻 硬度：2.5-3

顏色、透明度光澤度	橙色、紅棕色，不透明，金屬光澤。
晶形、晶系	塊狀集合體，結核狀，枝狀，四方晶系。
解理、斷口	無解理，斷口困難（可壓延、可延展）。
產地	自然銅產於銅礦床的滲碳層，也見於火山岩中。自然銅的典型產地有Kewenaw半島（密歇根）。當然，在德國、俄羅斯、澳大利亞，也能找到自然銅。在法國，銅的產地有Montroc（塔爾納省）、聖韋朗（上阿爾卑斯省）、Cap Garonne（瓦爾省）和謝西（隆河省）。
詞源	自然銅一詞來源於希臘語"Kyprios"，意為塞浦路斯。英文是"native copper"。
第一種礦物	即使自然銅可以巨大塊狀的形狀呈現（數噸重），它卻很少被用作銅礦石，因為塊狀銅礦石非常稀少。儘管如此，第一批美洲印第安人還是在密歇根最大的銅礦床採集到了自然銅。這些礦床還出產美麗的自然銅晶體標本，我們可在眾多博物館和收藏品中見到。自然銅晶體稀少，最常呈現為枝狀晶體和樹狀晶體。

赤銅礦（亞利桑那州，美國）

毛赤銅礦（中國）

經琢磨的赤銅礦
（7克拉，翁岡加、納米比亞）

孔雀石上的變質單晶赤銅礦
（謝西，羅納省）

赤銅礦

變種：毛赤銅礦

類別4：氧化物和氫氧化物

分子式：Cu_2O（氧化亞銅）

比重：6.1（對於一種透明的礦物而言是很高的）

硬度：3.5-4

顏色、透明度光澤度	紅色至紅紫色，紅褐色至黑色，透明至半透明，金剛石光澤。
晶形、晶系	塊狀集合體，毛髮狀（毛赤銅礦），離析晶體或糰粒晶體，樹狀。立方晶系。
解理、斷口	{111}不完全解理，貝殼狀斷口。
產地	赤銅礦產於銅礦床的滲碳層。變種毛赤銅礦一般來自英國（雷德魯思），最近來源於中國。赤銅礦的傳統產地有美國亞利桑那州、剛果（加丹加）、澳大利亞、智利、俄羅斯（烏拉爾河和阿爾泰山）、納米比亞、哈薩克以及法國的謝西（Chessy），謝西常出產由孔雀石變質而來的漂亮晶體。塔爾納省也出產赤銅礦。
詞源	赤銅礦一詞來源於拉丁語"cuprum"，意為銅。
一種流行的礦物質	赤銅礦長期被作為銅礦來開採，儘管它很美麗。在納米比亞的翁岡加，赤銅礦以一種紅色大晶體的形態被發現，而在法國謝西的赤銅礦晶體表面往往變質為孔雀石。一些人嘗試琢磨它，儘管其硬度相對較低。赤銅礦的高密度則賦予了它很高的光澤度，突出了它的金剛石光澤。經過切割的赤鐵礦比紅色鑽石更閃亮！

含鐵礫石裏的
金剛石（巴西）

金剛石單
晶（21克
拉）圓形
雕刻面

10克拉黃水仙鑽石

大亨首飾（印度，17世紀）
鑲嵌了57顆印度的鑽石和兩
顆祖母綠

金剛石

種類：金剛砂，黑金剛石

類別1：元素

分子式：C（碳）

比重：3.5-3.53

硬度：10

金剛石晶體（南非）

顏色、透明度 光澤度	無色、黃色、綠色、藍色、紫色、粉色、橙色、紅色、棕色、黑色。 透明至半透明。金剛石光澤。
晶形、晶系	不規則塊狀，單晶體或雙晶體，形狀多變，介於八面體或長方體 之間。立方晶系。
解理、斷口	{111} 解理完全，梯狀斷口。
產地	金剛石產於金伯利岩、鉀鎂煌斑岩、榴輝岩及其沖積層。最早被 開採的一批金剛石產地有印度戈爾康德、婆羅洲、巴西迪亞曼蒂 納，之後是南非、俄羅斯、澳大利亞、剛果共和國、中非共和國、 塞拉利昂共和國，以及最近發現的加拿大。在法國，最近在圭亞 那（Guyane）找到了金剛石。
詞源	金剛石來源於希臘語"adamas"，意為"堅硬的"，英文是 "Diamond"。
最堅硬的 礦物	金剛石長期以來都被認為是最堅硬的礦物，但是根據一些研究者 的觀點，金剛石的硬度優勢也被六方金剛石取代過。金剛石卓越 的光澤當歸功於它們的形成條件（140~200公里的深度）：高壓給 予了金剛石這一種透明礦物相對高的密度。人工合成金剛石也在 不斷取得進步：無色合成金剛石的體積越來越大，而紅色、綠色、 藍色的合成金剛石則受到了高度評價。

藍色藍晶石（巴西）

綠色藍晶石（肯尼亞）

被鑲嵌的
磨光藍晶石

藍晶石
（科洛布
里埃，
瓦爾省）

藍晶石

≡≡≡ 類別9A：矽酸鹽，島狀矽酸鹽

分子式：Al_2SiO_5（矽酸鋁）

比重：3.56-3.67

硬度：4-4.5（晶體方向）或6.5-7（垂直方向）

顏色、透明度 光澤度	藍色（"藍晶石"）、白色、綠色、灰色、黑色。透明至半透明，玻璃光澤。
晶形、晶系	塊狀集合體，細粒狀，纖維狀，晶體有時是雙色的，三斜晶系。
解理、斷口	{100}完全解理，梯狀斷口、參差狀斷口。
產地	藍晶石是一種變質礦物，產於高壓低溫的鋁化合物岩層。傳統產地有巴西、瑞士、俄羅斯、印度和肯尼亞。在法國的產地有瓦爾省的科洛布里埃（Collobrières）、布列塔尼（斯卡厄，波德）、上盧瓦爾（Haute-Loire）、旺底（Vendée）等地。
詞源	藍晶石一詞來源於希臘語"di et sthenos"，意指"雙重力量"。英文為"kyanite"。
耐火寶石	法國礦物學家阿羽依給藍晶石取名為"disthène"，但沒過多久，他的德國競爭對手給藍晶石取名為"kyanite"。為忠於這位著名的礦物學家，藍晶石的名字"disthène"仍在法國保留著，但其國際名字還是"kyanite"。藍晶石雙重的硬度在礦物學中是獨一無二的。它的顏色取決於它混雜的鐵元素。雙色晶體同樣很出名，它含有不同形式的鐵元素（二價鐵和/或三價鐵）。

白雲石
（西班牙）

橙紅色白雲石和黃色方解石（米納斯吉拉斯州，巴西）

"金色"白雲石〔下萊茵省（Bas-Rhin）〕

白雲石

種類：鐵白雲石（碳酸鈣-鐵）

白雲石和石英〔阿勒瓦爾，伊澤爾省（Isère）〕

≡≡≡ **類別5**：碳酸鹽和硝酸鹽

🧪 **分子式**：$CaMg(CO_3)_2$（碳酸鎂鈣），在鐵白雲石中，鎂元素被鐵元素替換。

🔺 **比重**：2.8-2.9

▬ **硬度**：3.5-4

顏色、透明度、光澤度	無色、白色、灰色、粉紅色、黃色、棕色至黑色（含鐵程度漸高），透明至半透明，珍珠光澤至玻璃光澤。
晶形、晶系	塊狀集合體，細粒構成，大菱面晶體。三方晶系。
解理、斷口	具有三組完全解理，貝殼狀斷口。
產地	白雲石產於沉積岩、變質岩和金屬礦體中。瑰麗的白雲石晶體來自於西班牙的納瓦拉、巴西、加拿大和墨西哥。在法國，白雲石產地有阿爾薩斯省（聖瑪麗奧米內，弗拉蒙）(Sainte-Marie-aux-Mines,Framont)、布里尤德（Brioude）和馬西亞克（Massiac）（中央高原）的礦山、謝拉克〔安德爾省（Indre）〕、埃羅省（L'Hérault），瓦爾省，阿里埃日省（L'Ariège）（呂澤納克），諾爾省（Nord）（阿偉納）、伊澤爾省（拉米爾）等。
詞源	白雲石一詞是為紀念法國一位礦物學家 Dolomieu（1750~1801）。
白雲石	白雲石礦是一種礦物的名字，不能和白雲石相混淆。白雲石是一種完全由沉積岩構成的岩石，這種岩石有時會形成山地，比如白雲石礦。白雲石的起源困擾了很多礦物學家：它看起來不像是現代形成的，可能形成於石灰岩沉澱成岩期間。

塊狀薰衣草藍線石和藍線石寶石（庫斯科，秘魯）

粉紅色石英被粉紅色藍線石着色（巴西）

紫色藍線石

藍線石和藍石英（馬達加斯加）

藍線石

類別9A：矽酸鹽，島狀矽酸鹽

分子式：$Al_{6.9}(BO_3)(SiO_4)_3O_{2.5}(O,OH)_3$（羥基硼矽酸鋁）

比重：3.3-3.4

硬度：8.5

顏色、透明度 光澤度	藍綠色、紫粉色、褐色，透明至半透明，玻璃光澤。
晶形、晶系	塊狀，細粒構成，纖維狀，稜柱狀，在石英中為纖維狀，斜方晶系。
解理、斷口	{110} 解離完全，參差狀斷口。
產地	藍線石產於偉晶岩和變質岩中，比如在巴西（粉紅色石英）、美國內華達州、加利福尼亞州、馬達加斯加（藍石英和粉紅色石英）、俄羅斯（斯維爾德洛夫斯克）、中國、印度。在法國的典型藍線石產地為博納〔隆河省（Rhône）〕，粉紫石英產地為昂特賴格河畔特呂耶爾（Entraygues-sur-Truyère）（阿韋龍省）。
詞源	藍線石一詞為紀念法國古生物學家M.-E Dumortier(1803~1873)。
有色晶體—— 着色劑！	藍線石呈現出各種不同顏色是因為混雜了鐵元素。隨着鐵元素的氧化程度（二價鐵和/或三價鐵），藍線石的顏色從粉紫色變為藍色。石英因含有粉色或藍色藍線石而被染色。因此可以肯定的是在巴西或馬達加斯加的粉石英都是被藍線石的鐵元素染色的。藍線石也是一種裝飾岩石，其中某些藍線石常被以假亂真當作天青石。（查看似長石説明）

六角形晶體（於1798年由法國化學家沃克蘭使用拉瓦錫的設備製造）

冰川

合成水

水和冰

類別4：氧化物和氫氧化物

分子式：H_2O

比重：1（水），0.9（冰）

硬度：1.5（冰）

顏色、透明度光澤度	無色至淡藍色，透明，玻璃光澤。
晶形、晶系	塊狀，樹狀晶體，多變複雜六角形晶體。六方晶系（冰），液態（水）或者氣態（水蒸汽）。
解理、斷口	無解理，貝殼狀斷口（冰）。
產地	地球上到處都有，甚至在一些最乾燥的沙漠裏，也存在於地球以外的一些星球上，包括彗星。含礦物質鹽和二氧化碳的礦物質水在醫療方面比較受青睞。
詞源	水和冰二詞來源於拉丁語 "aqua 和 glacies"。英文是 "water and ice"。
水是一種礦物嗎？	長久以來，人們認為水是非晶形的，這一點讓它總是被排除在 "礦物"（固體結晶）的身份之外。但是最近的研究表明水的分子式比人們在20世紀認為的更加有序，在那時人們將這些液體分類到 "非晶形的物質"（意思是 "完全亂序結構的物質"）。這意味着我們並未完全明白這個如此複雜的物相——水。水、黏土（參閱此物說明）以及二氧化碳，是地球生物賴以生存的物質。二氧化碳是另一種非晶形的礦物相。至於冰，這是公認的礦物：有不同晶型，存在於某些天體上，如Europa（木星的衛星）。

綠簾石（凱恩斯地區，馬里）

綠簾石（威爾士王子島，阿拉斯加）

綠簾石（意大利）

綠簾石

品種：pistacite

類別9B：矽酸鹽、雙島狀矽酸鹽。

分子式：Ca$_2$（Fe，Al）Al$_2$（SiO$_4$）（Si$_2$O$_7$）O（OH）
（羥基矽酸鐵與矽酸鋁）

比重：3.3-3.6

硬度：7

顏色、透明度光澤度	黃綠色至淡綠色至深綠色、褐色、黃色、灰色至黑色，透明至半透明，玻璃光澤。
晶形、晶系	塊狀，細粒構成，纖維狀，棱柱狀，單斜晶系。
解理、斷口	{001}完全解離，斷口整齊。
產地	綠簾石生成於接觸變質作用。標誌性產地位於奧地利、意大利、阿拉斯加、墨西哥、俄羅斯、巴西、馬里，以及最近發現的巴基斯坦。法國的典型產地有伊澤爾省以及在勒布爾杜瓦桑（Bourg-d'Oisans）週圍。在法國，其他很多地方都能找到綠簾石的踪跡，比如在上薩瓦省、格魯瓦島（禁止開採，除非得到許可）以及各種各樣的金屬礦床中，如阿爾薩斯省、比利牛斯山脈、羅納省以及布列塔尼的沖積層和中央大區的各種金屬礦床中。
詞源	綠簾石一詞來源於希臘語 "epidotos" 意為 "增長"。
綠簾石和黝簾石	綠簾石和斜黝簾石形成了一系列的礦物（查看黝簾石說明）：綠簾石是鈣黝簾石的正價鐵相似物，它的原子結構是單獨的，因為分別同等地包含了SiO$_4^{4-}$和Si$_2$O$_7^{6-}$。因此綠簾石既是島狀矽酸鹽也是雙島狀矽酸鹽。然而，人們將綠簾石分類到雙島狀矽酸鹽裏。綠簾石裏的鐵元素處於一個極端畸變的環境中。

白鐵礦伴生
"褐鐵礦"
（普羅旺斯）

合成水鐵礦

在富熱雷附近的森林的一片土地上的車轍，顯示出一個藍綠色的綠銹礦床。

水鐵礦和綠銹

綠銹的六角形晶體見於電子顯微鏡下（視覺寬度：0.3mm）

類別4：氧化物和氫氧化物

分子式：水鐵礦 $Fe_2O_3 \cdot 0.5(H_2O)$（氫氧化鐵），綠銹 Fe（鎂，鐵氫氧化物）

比重：水鐵礦：3.8；綠銹：接近2.55

硬度：水鐵礦：2-2.5；綠銹：未知

顏色、透明度光澤度	橙色至褐色（水鐵礦），綠藍色（綠銹），幾乎不透明，土質光澤。
晶形、晶系	塊狀，細粒構成，粉末狀，三方晶系。
解理、斷口	解理模糊，梯狀斷口。
產地	水鐵礦和綠銹幾乎無處不在。水鐵礦（"褐鐵礦"）：存在於鐵礦床和排水的氧化區（排放含礦酸水）。綠銹（或者"綠色的鐵銹"）：存在於潮濕的土壤中，有利於有機物的還原。綠銹常見於河流，也存在於微生物中。
詞源	水鐵礦一詞來源於它的化學成分，綠銹一詞來源於它在法國的典型產地。（Fougère, Ille-et -vilaine）。英文是 "green rust"。
"不被愛"的礦物	水鐵礦和綠銹是很複雜的礦物，它們在礦物方面的重要性在最近才被承認。通過微生物生成的水鐵礦和綠銹參與了地球上的生命發展。儘管水鐵礦和綠銹在身邊隨處可見，它們在礦物和生物之間也起到作用，然而這兩種礦物卻長期被人忽略。它們是法國新興的礦物學中最漂亮的發現之一。

白榴石（阿里恰‧意大利）

方沸石（法羅群島）

天青石魚形墜子帶有肉紅玉髓珠子（中國藝術，19世紀）

玄武岩中的方沸石

似長石

鋸開的光滑天青石（貝加爾湖，俄羅斯）

種類：白榴石、方沸石、方鈉石、天青石

類別9F：矽酸鹽，網矽酸鹽

分子式：

K〔AlSi₂O₆〕（白榴石），NaAlSi₂O₆H₂O（方沸石），Na₄Al₃Si₃O₁₂Cl（方鈉石），(Na,Ca)₈〔(S,Cl,SO₄,OH)₂〕（青金石）（鹼性矽鋁酸鹽和鹼土流質）

$K[AlSi_2O_6]$（白榴石），$NaAlSi_2O_6H_2O$（方沸石），$Na_4Al_3Si_3O_{12}Cl$（方鈉石），$(Na,Ca)_8[(S,Cl,SO_4,OH)_2]$（青金石）（鹼性矽鋁酸鹽和鹼土流質）

比重：5-6

硬度：2.5-3

顏色、透明度光澤度	無色、白色、灰色、藍色、褐色、紫色、綠色，透明至半透明，玻璃光澤。
晶形、晶系	塊狀，細粒構成，晶形為立方體、八面體（方鈉石），四方晶系（白榴石）、三斜晶系（方沸石）。
解理、斷口	{110} 完全解離，貝殼狀斷口、梯狀斷口。
產地	似長石產於矽石貧瘠的岩漿岩（白榴石和方鈉石來自維蘇威火山或來自巴西，方沸石來自聖海拉爾山脈、冰島、瑞士）和矽卡岩（方鈉石和天青石來自阿富汗、貝加爾湖或來自智利）。在法國，人們很少能找到似長石，除了方沸石，能在中央高原的火山週圍和比利牛斯山脈菲圖的正長岩找到。
詞源	似長石一詞相似於長石 "feldspaths"。

塊狀方鈉石（巴伊亞，巴西）

大理石裏的天青石晶體
（沙耶尚，阿富汗）

方鈉石變種 "hackmannite"
（沙耶尚，阿富汗）

霞石（猛拱，緬甸）

美麗的礦物	結合其礦床的獨特性，似長石是複雜的礦物學中一種美麗的礦物，它含有極少的二氧化矽（這在地球表面岩石中是罕見的，因為在地球表面，這個成分在氧化後是最豐富的）。似長石往往結晶成立方晶系，這些原始的形態被保留下來，而它們的結構在冷卻後會改變：它們都是假晶。近日，美麗的方鈉石寶石結晶在巴基斯坦被發現，它結合了絢麗的黃鐵礦，呈現出最美麗的效果。
品種	根據成分和晶系，可分為四個品種類： a. 鈣霞石 b. 白榴石 C. 霞石 d. 方鈉石組：方鈉石、天青石、黝方石、藍方石。 霞石可能是最多見的似長石，特別是在霞石正長岩中。其次是方鈉石，採礦工人瞭解它，因為它構成了方鈉石岩——漂亮的深藍色觀賞石（來自巴西）。需要注意的是鈣霞石〔$Na_6Ca_2Al_6Si_6O_{24}$（CO_3）$_2$〕同時是矽酸鹽和碳酸鹽，但卻被認為是單一的矽酸鹽。似長石可媲美於沸石（參閱此說明）。青金石厘米級晶體在 20 世紀 70 年代於沙耶尚（阿富汗）被發現，有時通為 "水晶青金石"。天青石是一種裝飾性岩石，由青金石（25%-40%）、方鈉石、黃鐵礦、方解石構成。自 6000 多年前起，美索不達米亞人便已經開始利用這種寶石，他們是從阿富汗引進的。天青石是文藝復興時期畫家們的首選藍色顏料的原料：價格是十分之高。需要注意的是一些 "青金石" 是人們通過把顏色淺淡的青金石浸泡在藍色墨水中改良的。

經切割的正長石寶石（57克拉，馬達加斯加）

正長石 "月亮石"

微斜長石和白雲母（米納斯吉拉斯，巴西）

天河石，在19世紀被列入索引的晶體

長石

品種：正長石、微斜長石、鈉長石、鈣長石

透長石（多姆山省）

類別9F：矽酸鹽、網矽酸鹽

分子式：$KAlSi_3O_8$（正長石和微斜長石），$NaAlSi_3O_8$（鈉長石），$CaAlSi_2O_8$（斜長石）

比重：2.55-2.65

硬度：6（除了鈉長石：6.5）

顏色、透明度 光澤度	無色、乳白色、鮮黃色、天藍至藍綠、肉粉色、淡褐色，透明至半透明，玻璃光澤。
晶形、晶系	塊狀集合體，細粒狀，短粗晶體或棱柱晶體，多樣化雙晶。單斜晶系（正長石、透長石）或三斜晶系。
解理、斷口	{001} 極完全解理和 {010} 完全解離，梯狀斷口。
產地	長石大量存在於岩漿岩和變質岩中，在巴西、馬達加斯加、巴基斯坦、加拿大、瑞士、意大利、美國科羅拉多州等地的偉晶岩和高山熱液礦中則更為豐富。在法國的產地有：布列塔尼地區（Bretagne）、孚日省、瓦爾省、科西嘉島（Corse）、比利牛斯山脈（Pyrénées）、中央高原（Massif Central），以及海外省和海外領地，同時別忘了阿爾卑斯山脈（從勃朗峰到勒布爾杜瓦桑）。 根據其成分，我們把長石分為兩個亞組： (A) 鉀長石：透長石、正長石和微斜長石 (B) 斜長石或鈣長石：鈉長石和粒鈣長石

冰長石（瑞士）

被稱為"太陽石"的奧長石及經琢磨鑲嵌的寶石（產地未知）

白雲母伴生鈉長石（烏魯昆，巴西）

富拉玄武岩（加拿大）

粒鈣長石（魯德維爾，美國）

透長石是長石在較高溫度下結晶而成的：人們可在火山岩中（康塔勒等）找到它。相反，微斜長石形成於較低溫度，這解釋了它的三斜晶系（不對稱）。正長石處在透長石和微斜長石的中間階段。因此，正長石可見於更多的岩石中。冰長石是正長石的一個品種，存在於高山縫隙中（霞慕尼，瑞士等）。

冰長石是形成於較低溫度的一個正長石品種（存在於較低溫度，只有微斜長石是穩定的）。天河石是一種藍綠色的微斜長石，成色原因主要為鉛，備受礦物收藏家們的追捧。要注意奧長石和中長石、拉長石岩和倍長石是鈉長石和粒鈣長石的中間產物，而不是單獨的品種。鈉長石和透長石在高溫下會形成一系列穩定礦物（其中之一是斜長石）。而在低溫下，鈉長石會與透長石分離開，形成有特徵的離溶（即條紋長石）。葉鈉長石是鈉長石的一個透明品種。月光石和太陽石則是長石的兩個閃色品種（分別是正長石和鈉長石-鈣長石）。

詞源	長石礦名字起源於日耳曼語族。英文是"orthoclase"。
非凡品種	長石是多種多樣的，從平凡到非凡。長石雙晶（卡斯巴雙晶、巴溫諾雙晶和曼尼巴雙晶）很受收藏者們追捧。在馬達加斯加曾勘測到黃色正長石寶石以及拉長石岩。 構成長石的主要物質富拉玄武岩對於大理石石工來說很有用，長石經變質則會產生一些黏土，其中包括高嶺土。

石英伴生螢石（多姆山省）

紅螢石和墨晶
（霞慕尼，上薩瓦省）

螢石（香花鋪，
湖南，中國）

螢石

類別3：鹵化物

分子式：CaF_2（鈣化氟）

比重：3.1-3.6

硬度：4

螢石（英國）

顏色、透明度 光澤度	各種顏色都有，透明至半透明，玻璃光澤。
晶形、晶系	塊狀集合體，細粒構成，偽纖維狀。晶體或集合體，八面體或立方體，立方晶系。
解理、斷口	四組完全解理，貝殼狀斷口。
產地	螢石產於金屬熱液礦床或是蒸發形成的沉積岩中。標誌性產地有：英國（威爾代爾）、德國（哈爾茨山）、美國（密蘇里）、墨西哥、中國、西班牙（柏伯爾）、納米比亞、摩洛哥、瑞士。在法國的產地有：中央高原（Le Beix，Langeac）、法國南部（瓦爾澤爾蓋、布爾戈、Peyrebrune, Fontsante）、莫旺（緬因，Voltennes）、東部地區（Sewen，貝格海姆）和阿爾卑斯山脈（瑞士、勃朗峰）。
詞源	螢石一詞來源於拉丁語 "fluere" "流動" 的意思。
收藏者們的 吉祥物	由於螢石普遍存在，每一年都有新的螢石礦物被發現。在螢石未經礦物裁割機切割之前，我們能欣賞到它們美麗的天然形狀和顏色。最近一些漂亮的薄荷綠螢石在埃朗戈（納米比亞）被開採出來，而來自勃朗峰的紅螢石也價值連城。

方解石伴生方鉛礦
（斯威特沃特，美國）

被方解石和褐色閃鋅礦包圍的方鉛礦結晶山脈
（普拉尼奧萊，洛特省）

方鉛礦〔布呂茲，
伊爾－維蘭省
（Ille-et-Vilaine）〕

方鉛礦

≡≡≡ 類別2：硫化物和礦鹽

🧪 分子式：PbS（硫化鉛）

🔺 比重：7.2-7.6

▰▰▰ 硬度：2.5

方鉛礦（美國）

顏色、透明度 光澤度	淺灰至深灰，不透明，金屬光澤。
晶形、晶系	塊狀集合體，細粒構成，晶體呈立方體、八面體（很稀少），立方晶系。
解理、斷口	三組完全解理，梯狀斷口。
產地	方鉛礦常見於熱液的金屬礦脈和蒸發形成的沉積岩中。傳統產地有英國、德國（諾伊多夫）、美國（喬普林）、墨西哥和秘魯。在法國，著名產地有於埃爾戈阿 - 普洛昂（Huelgoat-Poullaouen）〔菲尼斯太爾省（Finistère）〕，Pontgibaud（多姆山省）。另外，方鉛礦常見於古老的高地以及其週圍，或者形成於塊狀礦床之中：拉爾讓蒂埃（阿爾代什省）（Largentière, Ardèche）、拉普蘭（阿爾卑斯山區）、法爾日〔科雷茲省（Corrèze）〕。
詞源	方鉛礦一詞來源於希臘語 "galena"，意為 "方鉛礦"。英文是 "Galena"。
一種前 "高科技"	方鉛礦可以顯示含銀量（百分之幾）。研究表明，這種 "隱藏的銀" 常常以天然銀的形式存在。鉛已經因為具有毒性而逐漸被擯棄，所以人們越來越少地去開採方鉛礦，即使方鉛礦是提取鉛的主要礦石。從 1905 年起，方鉛礦被用於無線接收機，其中，收音機（TSF）被稱為 "晶體收音機" 或 "方鉛礦收音機"。礦石收音機比電子管收音機便宜很多。因此直到20世紀50年代，方鉛礦收音機才被電子管收音機取代。

經切割，37.1克拉

三水鋁礦（米納斯吉拉斯州，巴西）

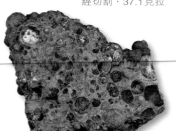

鋁土礦截面（第一批鋁錠之一，提取於
普羅旺斯鋁土礦）

三水鋁礦
（米納斯吉拉斯州，巴西）

三水鋁礦

種類：拜三水鋁石、軟水鋁石、硬水鋁石和 "鋁土礦"

類別4：氧化物和氫氧化物

分子式：$Al(OH)_3$（氫氧化鋁）

比重：2.3-2.4

硬度：2.5-3

硬水鋁石
（雙晶，穆拉高原，土耳其）

顏色、透明度光澤度	白色、灰色、藍色、淺綠色，透明至半透明，玻璃光澤至土質光澤。
晶形、晶系	塊狀集合體，細粒狀，結核狀，鐘乳石狀，豆狀，單斜晶系。
解理、斷口	{001}解理完全，梯狀斷口。
產地	三水鋁礦產於含明礬的變質岩土壤、岩溶區、紅土和鋁土礦中。人們可以在以下地方找到三水鋁礦：德國（福格爾斯貝格山）、希臘、安的列斯群島（牙買加）、非洲（幾內亞）、蘇里南、澳大利亞。在法國羅訥河口省普羅旺斯地區的萊博出產鋁土礦，三水鋁礦還出產於埃羅省以及一些礦山中（聖瑪麗奧米內、阿爾薩斯、塔爾納省）（Sainte-Marie-aux-Mines, Alsace; Saint-Jean-de-Jeannes, Tarn）。
詞源	三水鋁礦一詞是以美國礦物收藏家C.G.吉布斯（1776~1833）的姓命名的。
鋁礦石	三水鋁礦的原子結構也能在 "含水鋁氧" 的其他鋁石中找到，比如一些黏土，如高嶺石和蒙脫石。三水鋁石具有多態性。鋁土礦是由三水鋁礦、軟水鋁石和硬水鋁石（AlO(OH)多晶形）、黏土、鐵的氫氧化物組成的沉積岩。三水鋁礦的名字來自包克斯—普羅旺斯，起源於1821年，被用作鋁礦石。

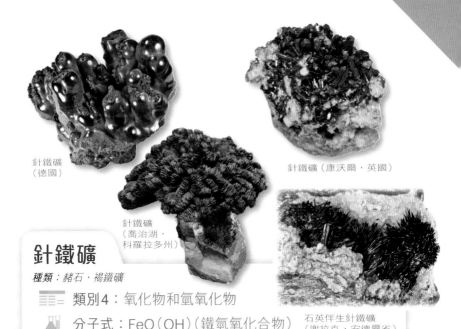

針鐵礦
(德國)

針鐵礦（康沃爾，英國）

針鐵礦
（喬治湖，
科羅拉多州）

石英伴生針鐵礦
（謝拉克，安德爾省）

針鐵礦

種類：赭石、褐鐵礦

類別4：氧化物和氫氧化物

分子式：FeO（OH）（鐵氫氧化合物）

比重：3.3-4.3

硬度：5-5.5

顏色、透明度光澤度	黑色、棕色至赭石色，幾乎是半透明至不透明，金剛石光澤至土質光澤。
晶形、晶系	塊狀集合體，細粒狀，纖維狀，突起狀，晶體很稀少，針狀至伸長狀，斜方晶系。
解理、斷口	{010}和{100}解理完全，梯狀斷口。
產地	針鐵礦形成於鐵礦床的氧化區，富含黃鐵礦和/或赤鐵礦。重要產地有英國、德國、美國（密蘇里，科羅拉多州）、摩洛哥、墨西哥。在法國的產地位於阿韋龍省（L'Aveyron）和塔爾納省（Tarn）〔阿爾班、布爾戈、聖塞勒維（lKaymar, Alban, le Burc, Saint-Salvy）〕、阿爾薩斯省〔（聖瑪麗奧米內、施塔爾貝爾格（Framont, Sainte-Marie-aux-Mines, Stahlberg）〕、布列塔尼地區（Bretagne）（普萊洛、於埃爾戈阿〔（Plelauff, Huelgoat,Villeder）〕、比利牛斯山脈（Rancié）。針鐵礦也存在於幾乎其他所有的金屬礦床中。
詞源	針鐵礦一詞來源於德國詩人和自然主義者 J.W. Goethe，（1749~1832）。
從泥土質地到發亮質地	針鐵礦可以形成赭石色土質塊、漂亮的地質結核和黑色發亮的鐘乳石。人們通過它的粉末顏色（黃色，而不是紅色）把它和赤鐵礦區分開來。褐鐵礦是針鐵礦、赤鐵礦和水鐵礦的混合物。沃克呂茲的赭石（開採於魯西永）是由不同的鐵的氧化物組成的岩石，其中有針鐵礦（黃赭石色）和赤鐵礦（紅赭石色）。

鐵鋁榴石
（科洛布里埃，瓦爾省）

2.3克拉經切割的鎂鋁榴石
（波希米亞，捷克共和國）

鐵鋁榴石、鎂鋁榴石（奧地利）

石榴石

種類：鐵鋁榴石、鈣鋁榴石、鎂鋁榴石、鈣鉻榴石

 類別9：矽酸鹽，島狀矽酸鹽

錳鋁榴石（猶他州，美國）

分子式：

$A_3^{2+}BA_2^{3+}Si_3O_4$；當分子式中B是Al，A是Fe，含明礬的石榴石就是鐵鋁榴石，當A是Mg，石榴石是鎂鋁榴石，當A是Mn，石榴石是錳鋁榴石。當A是Ca，B是Cr，含鈣石榴石就是鈣鉻榴石；當B是鋁，石榴石是鈣鋁榴石，當B是正價鐵，石榴石是鈣鐵榴石。

比重：3.5-4.3

硬度：7-7.5

顏色、透明度光澤度	不同種類的石榴石具有各種不同的顏色，透明至半透明至幾乎不透明，玻璃光澤至樹脂光澤。
晶形、晶系	塊狀集合體，細粒狀，晶體為菱形十二面體、偏方三八面體（稀少），立方晶系。
解理、斷口	無解理，貝殼狀斷口。
產地	石榴石產於所有的高溫岩石、岩漿岩（橄欖岩、金伯利岩）或是變質岩（矽卡岩、片岩、片麻岩）。經典產地很多：錫蘭、印度、馬達加斯加、贊比亞、坦桑尼亞、烏拉爾河、意大利、巴西、美國等。在法國的產地也很多，其中有科洛布里埃（瓦爾省）、洛里昂（布列塔尼地區）、拉翁萊塔普（孚日省）等。
詞源	石榴石一詞來源於拉丁語 "granatum"，意思是 "像種子一樣"。英文名稱是 "garnets、almandine、grossular"。

鈣鐵榴石
（烏拉爾河，俄羅斯）

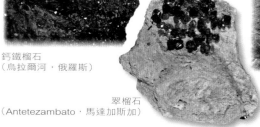

翠榴石
（Antetezambato，馬達加斯加）

鈣鋁榴石
（拉翁萊塔普，乎日省）

石英伴生鈣鉻榴石（普芬奇瑞斯，上盧瓦爾省）

鈣鉻榴石（奧托昆普，芬蘭）

極有趣的品種	石榴石是一類頗具吸引力的礦石，因為它們有各種形狀和顏色，其中一些還很神秘。金紅石包體可以拋光出佈滿星狀物（折射光線勾畫出一顆星）的石榴石。最常見的石榴石可分為4個分支（剛玉為6個）。
種類	根據原子佔據石榴石結構的兩個主要部位，可分為兩個亞組： 鋁榴石組：鐵鋁榴石（鐵、鋁）、鎂鋁榴石（鎂、鋁）、錳鋁榴石（錳、鋁）， 鈣鉻鐵榴石組：鈣鐵榴石（三價鐵、鈣）、鈣鋁榴石（鈣、鋁）、鈣鉻榴石（鈣、鉻）。 其他重要的石榴石還有鎂鉻榴石（鎂、鉻）、鈣鋯榴石（鈣、鋯）、鈣鈦榴石（鈣、鈦）。 石榴石對於確定一種岩石的結晶條件是非常有用的。在很長一段時間裏，有人預測石榴石不是藍色的，因為在它的結構裏不能容納一個離子把它着色為藍色。然而，最近在Bekily（馬達加斯加）發現了一些藍色石榴石，其顏色是由釩着色的。藍色和藍綠色石榴石在人造光線下呈現紫紅色（所謂的"紫翠玉"），因此是最稀有的石榴石。紅紫石榴石（產於斯里蘭卡、印度、坦桑尼亞）是一種鐵鋁榴石，富含紅榴石。人們還可以找到另一個品種：橙褐色鈣鋁榴石，稱為"桂榴石"（產於斯里蘭卡、意大利）。"黃榴石"是一種鈣釩榴石，類似於一種皇室黃玉（黃褐橙色），但它往往是更深色的。漂亮的綠色石榴石也是很受歡迎的，從鈣鉻榴石到翠榴石（鈣鐵鉻鐵礦）和沙弗來石（含釩的鈣鋁榴石）。

單晶石墨薄片
（馬達加斯加）

石墨

種類：趙擊石、六方金剛石、金剛石

 類別1：元素

分子式：C（碳）

比重：2.1-2.25

硬度：1.5-2

塊狀石墨（摩洛哥）

顏色、透明度光澤度	黑至深灰、灰暗或發亮，不透明，半金屬光澤。
晶形、晶系	塊狀集合體，葉片狀，台狀，六方晶系。
解理、斷口	{0001} 完全解理，梯狀斷口。
產地	石墨產於富含有機物的變質岩中，如石灰岩，也存在於偉晶岩或正長岩和隕石中。傳統產地有西伯利亞（貝加爾湖附近）、錫蘭、印度、格陵蘭島。馬達加斯加盛產發亮大塊狀石墨和結晶塊狀石墨。法國的石墨產地有下萊茵省（於爾貝）、上盧瓦爾省（朗雅克區域）、布列塔尼地區（格洛梅、特雷米松、La villeder）、比利牛斯山脈（Costabonne、salau、呂茲納克）、阿爾卑斯山脈（從夏蒙尼到奧西耶爾）和瓦爾省（加龍河頭部和Fonsante）。
詞源	石墨 Graphite 來源於希臘語 "graphein"，意為 "用來寫的"。
一切都與鑽石相反	石墨是鑽石的六邊形同素異形體，不透明，很柔軟也很常見。石墨由碳原子層（石墨烯）構成，碳原子層之間很滑。石墨構成了鉛筆裏的礦物和和潤滑劑（如鉬）。在隕石裏，還有其他的六邊形碳同素異形體，如藍絲黛爾石（非常堅硬）和蠟石（柔軟如石墨）。

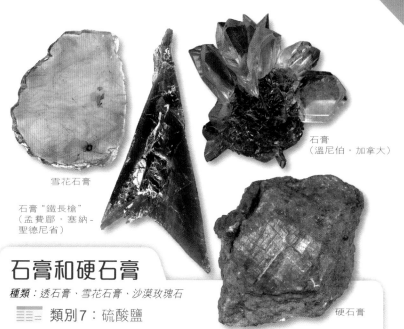

雪花石膏

石膏 (溫尼伯，加拿大)

石膏"鐵長槍" (孟費郿，塞納 - 聖德尼省)

硬石膏

石膏和硬石膏

種類：透石膏、雪花石膏、沙漠玫瑰石

類別7：硫酸鹽

分子式：$CaSO_4 \cdot 2(H_2O)$（石膏），$CaSO_4$（硬石膏）

比重：2.3（石膏），2.95-3（硬石膏）

硬度：2（石膏），3.5（硬石膏）

顏色、透明度 光澤度	無色、白色、淡黃色、淡綠色、淡褐色，淡藍色至紫紅色（硬石膏），透明至半透明，玻璃光澤。
晶形、晶系	塊狀集合體，由細粒構成，纖維狀。晶體呈台狀（透石膏）或稜柱形。單斜晶系（石膏），斜方晶系（硬石膏）。
解理、斷口	{010}極完全解理和{100}和{011}中等解理（石膏）；{010}、{100}和{001}極完全解理（硬石膏），貝殼狀斷口。
產地	石膏產於氧化金屬熱液礦脈和蒸發岩。墨西哥奇瓦奈卡的巨大石膏晶體達數米長。很多漂亮的晶體來自西西里島、西班牙、摩洛哥、撒哈拉沙漠（"沙漠玫瑰"）和法國。法國的產地有：法蘭西島（石膏"翠雀花"和雙晶"鐵矛頭"）、馬贊（Mazan）〔沃克呂茲（Vaucluse）〕和卡爾雷斯卡薩貝（Carresse-Cassaber）（比利牛斯—大西洋省），在此地也發現過數米大的石墨晶體。
詞源	石膏Gypse一詞來源於希臘語"gypsum"，意為石膏石，可燃燒，英文名是"gypsum"。
多礦物	半透明石膏被稱為"雪花石膏"，如同乳白色方解石（查看方解石說明）。在古代，雪花石膏薄片被用作玻璃隔板。巴黎的生石膏經過300℃脫水得到硬石膏。石膏在空氣中也能自然發生水合作用而變質。

石鹽和鉀鹽：通過圖像研究指數能夠區別它們（德國）

橙色鉀鹽（"鉀肥"）和藍色纖維石鹽接觸面（Kaligone，上萊茵省）

藍色石鹽（德國）

石鹽和鉀鹽

===　類別3：鹵化物

石鹽（維利奇卡，波蘭）

　　分子式：NaCl（石鹽：氯化鈉）；KCl（鉀鹽：氯化鉀）

　　比重：1.99（鉀鹽）；2.17（石鹽）

　　硬度：2.5

顏色、透明度光澤度	無色、白色、淺藍至深藍、玫紅色，橙色至褐色。透明，玻璃光澤。
晶形、晶系	塊狀集合體，細粒狀，纖維狀，立方晶體或是錐狀鹽盤，也有少數針狀晶體。立方晶系。
解理、斷口	完全解理，梯狀斷口。
產地	石鹽和鉀鹽盛產於古代的蒸發岩和新近的蒸發岩。傳統產地有波蘭（維利奇卡）、德國（施塔斯富特）、奧地利（薩爾茨堡）、喜馬拉雅山。法國的產地有：瓦朗熱維爾（Varangéville）〔洛林地區（Lorraine）〕、牟羅茲（Mulhouse）（阿爾薩斯地區）、大西洋海岸（蓋朗德、努瓦爾穆捷）和法國南部（鹽田）。
詞源	石鹽 Halite 一詞來源於希臘語 "hal，sel，lithos"，意為"石頭"。鉀鹽 Sylvite 來源於拉丁語 "sal digestibus Sylvii，sel de Sylvius"，荷蘭煉金術士（1614年至1672年）。
食鹽，古人的白色財富	來自波蘭的大晶體鹽常生於礦山深處的水坑。純粹的地質晶體很稀少（與礦物開採無關）。藍色食鹽（很受追捧）的顏色起源於原子缺陷，此缺陷源自於食鹽結構舊時的放射性。"鉀肥"是由鉀鹽和其他含鉀鹽類組成的。

赤鐵礦玫瑰
（聖哥達，瑞士）

赤鐵礦紅黑層狀，"條狀鐵層"
光滑截面（米納斯吉拉斯州，
巴西）

赤鐵礦
（易北河島，意大利）

赤鐵礦

種類：鏡鐵礦、正條帶狀鐵礦

類別4：氧化物和氫氧化物

分子式：Fe_2O_3（氧化鐵）

比重：5-6

硬度：2.5

赤鐵礦
（格蘭德德瀑布，多姆山省）

顏色、透明度 光澤度	亮黑、朱紅色。不透明，金屬光澤（黑）至紅土光澤。
晶形、晶系	塊狀集合體，細粒狀，鮞狀，土質地，鐘乳石狀，突起狀。六邊形晶體，常見台狀晶體（鏡鐵礦），樹狀晶，玫瑰狀晶體。三方晶系。
解理、斷口	無解理，梯狀斷口。
產地	赤鐵礦產於熱液金屬礦床（德國、英國、墨西哥、密歇根）和變質沉積岩中（帶狀鐵礦石"條狀鐵層"，BIF，如在澳大利亞和巴西（鐵英岩）。在法國，漂亮的赤鐵礦來自Saphoz（孚日省）、阿爾薩斯地區（弗拉蒙、Brézouard、施塔爾貝爾格）和勒布爾瓦桑週圍（"玫瑰鐵"），Lauzière山脈（薩瓦省）、上盧瓦爾省的螢石礦區、皮伊山脈、Batère（東比利牛斯省）和Dielette（芒什省）。
詞源	赤鐵礦Hématite一詞來源於希臘語"haïmatitês"，意指這種礦物是紅色的。
紅與黑	紅色土質赤鐵礦曾是史前人類用的第一批顏料之一。收藏者們鍾愛的結晶有黑色和發亮的品種。高山裂縫裏的"玫瑰鐵"結晶很受歡迎。赤鐵礦礦床形成了很多驚人的樣品，它們都是最稀有的鐵礦石。

異極礦藍寶石
（23克拉，上比利牛斯省）

異極礦
（奇瓦瓦，墨西哥）

異極礦（Jagourt,
烏拉爾河）

無色異極礦（奇瓦瓦，墨西哥）

矽質異極礦

類別9B：矽酸鹽，雙島狀矽酸鹽

分子式：$Zn_4Si_2O_7(OH)_2 \cdot (H_2O)$（水合矽酸鋅）

比重：3.4-3.5

硬度：5

顏色、透明度 光澤度	無色、白色、褐色至黃色、近綠色、藍色，紫色。透明至半透明，玻璃光澤。
晶形、晶系	塊狀集合體，突起狀，鐘乳石狀，拉長扁平晶體，斜方晶系。
解理、斷口	{110} 解理完全，貝殼狀斷口。
產地	異極礦產於鋅礦變質地帶，尤其是在沉積岩和變質岩中。特別出名的產地是墨西哥（Santa Eulalia 和馬皮米）。在法國的產地有銀塔爾（Silberthal）（阿爾薩斯地區）、聖普里〔莫旺（Morvan）〕、聖洛朗萊米涅和熱諾亞克（Saint-Laurent-le-Minier et Genolhac）（加爾省）、Costabonne（比利牛斯山脈）、Valaury（瓦爾省）以及很多地方性的法國鋅礦床。
詞源	異極礦Hémimorphite以晶體的異極性質命名為異極礦（矽酸鹽）。
舊時的 "異極礦"	異極礦在過去是很受歡迎和存儲量相對豐富的礦物，呈乳頭狀突起的異極礦"爐甘石"尤其出名。在後來，漂亮的異極礦晶體在墨西哥被開採出來，墨西哥出產過多個瑰麗的異極礦樣本。異極礦常與菱鋅礦混淆，菱鋅礦也可形成有色結核，煤礦工也叫它為"異極礦"。

鈦鐵礦（挪威）

鈦鐵礦（克拉格勒，挪威）

石英伴生鈦鐵礦（上阿爾卑斯省）

鈦鐵礦

≡≡≡ 類別4：氧化物和氫氧化物

🧪 分子式：FeTiO$_3$（鐵鈦氧化物）

🔺 比重：4.7

◣ 硬度：5-5.5

鈦鐵礦（瓦桑，伊澤爾省）

顏色、透明度 光澤度	黑色，不透明，半金屬光澤。
晶形、晶系	塊狀集合體，頁片狀。六邊形台狀晶體，玫瑰花狀。三方晶系。
解理、斷口	無解理，貝殼狀斷口。
產地	鈦鐵礦產於火成岩和變質岩的副礦物和它們的沖積層：挪威（克拉格勒，阿倫達爾）、南非、加拿大、巴基斯坦、中國等。在法國，鈦鐵礦產於多爾山火山岩、比利牛斯山脈（Salau）的一些礦山、盧瓦爾河的沖積層以及菲尼斯泰爾省（Kerleven）、莫爾比昂省（格魯瓦）和盧瓦爾河-大西洋海灘，以及伊澤爾省的瓦桑，和薩瓦省的羅吉耶山。
詞源	鈦鐵礦 ilménite 一詞來源於最初發現此礦物的產地伊爾門山（Ilmen）（俄羅斯烏拉爾）。
鈦鐵礦和 赤鐵礦之間	肉眼看來，鈦鐵礦和赤鐵礦很相似。在高山裂口中，如果沒有化學分析，這兩個品種很難區別。鈦鐵礦粉末為黑色，不同於赤鐵礦的紅色粉末。比起鈦鐵礦，收藏者們更喜歡赤鐵礦，人們很少能找到鈦鐵礦，而且它不能形成像赤鐵礦那樣的發亮的大塊。鈦鐵礦是最重要的鈦礦石，排在金紅石（查看此礦物說明）前面。

（左邊）褐色玉的光滑片和上等玉（右邊）

上等的褐色混合玉（亞洲加工）

玉結核光滑截面顯示出褐色蝕變（緬甸）

玉

種類：軟玉（閃石）、硬玉（輝石岩類）

類別9C：矽酸鹽，鏈矽酸鹽

分子式：

amphiboles（閃石外號叫做 "軟玉"）：$(Ca，Fe)_2Mg_5Si_8O_{22}(OH)_2$（透閃石—陽起石）；輝石：$Na(Al，Cr，Fe)Si_2O_6$（硬玉和鈉鉻輝石）

淺色玉斧頭（新西蘭）

比重：3.25-3.3

硬度：6-7

顏色、透明度光澤度	白色、灰色、淡綠色至祖母綠、藍綠色、紫粉色、黑色。透明至半透明。玻璃光澤。
晶形、晶系	塊狀，細粒狀，纖維狀。單斜晶系。
解理、斷口	{110} 完全解理，梯狀斷口。
產地	在中國、俄羅斯、哈薩克斯坦、緬甸、新西蘭、美國加利福尼亞、中美洲（尤其是危地馬拉）、加拿大、意大利（維索山）能找到組成玉的礦物。
詞源	玉 Jade 一詞來源於西班牙語 "piedra de ijada"，意為 "對付腰部疾病的石頭"。
玉：一個礦物集合體	玉彙集了不同的礦物（角閃石和輝石岩）。軟玉是最常見的，"皇玉" 是深綠色的，是因為含有鈉鉻輝石——一種含鉻的輝石。蛇紋石有時被當作玉出售（欺詐性）。軟玉或多或少地可被 "改良" 來增加顏色。意大利維索山的玉自新石器時代起已被開發，這種材質的改良磨光石斧在英國被發現。玉在亞洲是最流行的寶石。

菱鎂礦
（Ratkosjucha，
斯洛伐克）

細粒黑色菱鎂礦（聖龐代隆，朗德省）

菱鎂礦結核（來自
皮嘉爾街，巴黎）

菱鎂礦

≡≡≡ 類別5：碳酸鹽和硝酸鹽

分子式：$MgCO_3$（碳酸鎂）

比重：3

硬度：4

菱鎂礦（土耳其）

顏色、透明度 光澤度	無色、白色、淺灰色、淺黃色、淺褐色、淺紫色，黑色，透明至半透明，玻璃光澤。
晶形、晶系	塊狀，細粒狀，纖維狀，菱形晶體或是偽六角晶體。三方晶系。
解理、斷口	菱面體極完全解理。貝殼狀斷口。
產地	菱鎂礦是變質礦物，來源於含大量鎂化物的岩石（輝長岩，蛇紋岩等）、矽卡岩（接觸面變質作用）和蒸發岩。標誌性產地有：奧地利（奧貝爾多爾）、意大利（Traversella）、巴西（布魯馬杜）、中國和朝鮮。法國的菱鎂礦產地有：貝內斯萊達（Benesse）〔朗德省（Landes）〕、拉格拉沃（la Grave）（上阿爾卑斯省）、拉米爾（伊澤爾省）、Pesey（上薩瓦省），也存在於奧爾居埃陨星（塔爾納—加龍省）。
詞源	菱鎂礦 magnésite 一詞來源於城市名"Magnesia"（Thessalie, 希臘）。
菱鎂礦VS 白雲石	菱鎂礦和白雲石很難區分開來，需要經過地質和化學分析來區分。菱鎂礦的變質往往會結合玉髓，當它被作為一種觀賞石時，會採取精細拋光。Mésitite 是一種褐色至黑色的含鐵菱鎂礦，與菱鎂礦的名稱相同，有時也被稱為"海泡沫"，來自於海泡石，是一種矽酸鎂（詳見黏土説明）。

黑雲母晶體薄片（未知產地）

鈉長石伴生白雲母（Lavra Navegadura，巴西）

金雲母晶體
（馬達加斯加）

雲母

種類：黑雲母、白雲母、金雲母、鋰雲母

≡≡≡ 類別9E：矽酸鹽，頁矽酸鹽

分子式：　　　　　　　　　黑雲母晶體（安大略省，加拿大）
K(Mg,Fe)$_3$(Si$_3$AlO$_{10}$)(OH,F)$_2$（biotitephlogopite）,K(Al,Li)$_2$〔AlSi$_3$O$_{10}$〕
(OH,F)$_2$（白雲母，鋰雲母）

▲ 比重：2.8-2.9

硬度：2-2.5

顏色、透明度 光澤度	白色（白雲母）至黑色（黑雲母）、青銅色至褐色、黃色、藍色至紫色（鋰雲母）、祖母綠色（"鉻雲母"）、紅色（"allurgite"）。透明至半透明。玻璃光澤。
晶形、晶系	塊狀，葉狀，細粒狀，雲母狀。單斜晶系。
解理、斷口	{001}解理完全，梯狀斷口。
產地	雲母產於各種岩石中，但是大晶體只來源於加拿大的偉晶岩和馬達加斯加，金雲母來源於俄羅斯。漂亮的鋰雲母來源於巴西、阿富汗和馬達加斯加。瑰麗的白雲母來源於巴西、巴基斯坦、印度。大黑雲母來源於俄羅斯、加拿大、馬達加斯加。在法國，人們可以在呂茲納克和Costabonne（比利牛斯山脈）找到漂亮的金雲母。埃沙西埃（阿利埃省）、Montebras（克勒茲）和昂巴扎克山峰（上維埃納省）有鋰雲母。黑雲母和白雲母盛產於結晶區（布列塔尼地區、中央高原、瓦爾省、比利牛斯山脈、科西嘉省、孚日省等。）

白雲母晶體伴生正長石
（Linopolis，巴西）

白雲母薄片（布列塔尼地區）

細粒鋰雲母
（昂巴扎克，上維埃納省）

藍色鋰雲母（澳大利亞）

詞源	雲母 Mica 一詞來源於拉丁語 "micare"，意為 "發光"。
黑雲母是 死了嗎？	據官方統計，"黑雲母" 不應再被使用，因為這個名字在 1999 年已被限制加入一類包括有金雲母和各種其他罕見的富含鐵的雲母種群裏。但這個術語仍然長期被廣泛使用，因為它是一個自然的事實：的確，人們能在世界各個地方的很多岩石中找到黑雲母。
品種	根據其成分和晶系，存在兩個 "真正" 雲母的亞組： (a) "二八面體" 雲母：它們主要是白雲母。 (b) "三八面體" 雲母：比如金雲母（和 "黑雲母"）以及鋰雲母。 鉻雲母是一種含鉻的綠色白雲母（產於巴西、意大利、格魯瓦），也存在於其他雲母中，比如珍珠雲母，屬於珍稀雲母家族。一些研究人員推測雲母促成了地球上生命的出現，正如黏土和碳酸鹽。在墜落於地球的彗星上，人們發現雲母片對複雜大分子蛋白質的形成起了催化劑作用，它們為地球上的生命起源播種了有機物質。雲母可以替代石棉在較高溫度下（窯爐等）使用，從 19 世紀起，人們開始普遍使用雲母（窯爐和裝備），因此它得到了策略性地生產。在第二次世界大戰期間，許多礦山被打開，為了得到製造武器（炸彈）所需的白雲母。法國在世界上一直是大量出產雲母的國家，著名的產地是莫爾比昂省的高嶺土採礦場，白雲母是此採礦場的副產品（每年 2 萬噸）。但世界上大部分雲母來自俄羅斯、芬蘭、美國、韓國和中國。最優質的雲母（大張）可以賣到超過 2000 歐元每公斤！

石英裏的輝鉬礦晶體
（龐蒂亞克，加拿大）

塊狀輝鉬礦
（城堡-蘭伯特，孚日省）

輝鉬礦（昆士蘭，澳大利亞）

輝鉬礦

≡≡≡ 類別2：硫化物和磺鹽

🧪 分子式：MoS_2（二硫化鉬）

🔺 比重：5.5

▬ 硬度：1

顏色、透明度光澤度	黑色、鉛灰色，不透明。金屬光澤。
晶形、晶系	塊狀，細粒狀，葉狀，六面台狀晶體，有時是筒狀。六方晶系。
解理、斷口	{0001} 極完全解理，梯狀斷口。
產地	輝鉬礦產於高溫熱液礦脈和次火山岩。標誌性產地有澳大利亞、中國、加拿大和美國（擁有世界最大的礦床但樣品較平常）。在法國，未開發的礦區有蘭伯特城堡（孚日省）和布雷唐巴克（阿爾薩斯地區），還有 Montbelleux（伊爾—維蘭省）、Puy-les-vignes（上維埃納省），Costabonne 和 Salau（比利牛斯山脈）。
詞源	輝鉬礦 molybdénite 一詞來源於希臘語 "molybdos"，意為鉛。輝鉬礦與鉛這種金屬很類似。
戰略礦物	人們會把輝鉬礦和石墨相混淆，但石墨的密度要比輝鉬礦低得多。石墨由於其極好的解理可以在紙上留下痕跡。輝鉬礦被稱為戰略性礦物，因為輝鉬礦最主要的資源都存儲在美國和智利。許多國家都在積極探索鉬的多樣化供應。這也是法國不開採阿爾薩斯輝鉬礦礦床而把它保持為戰略性儲備的原因。

獨居石（馬達加斯加）

獨居石（Raade，Moss, 挪威）

獨居石

種類：獨居石-鈰、-鑭、-釹、-鈰、-鐯

≣≣≣ **類別8：磷酸鹽**

🧪 **分子式：**（Ce,La,Nd,Th）PO$_4$（稀土磷酸鹽和釷）

🔺 **比重：** 4.8-5.5

◣ **硬度：** 5-5.5

顏色、透明度光澤度	紅至褐色、暗綠色、黃色、玫紅、綠色、灰色，白色。透明至半透明。金剛石光澤至樹脂光澤。
晶形、晶系	塊狀，細粒狀。棱柱形晶體，單斜晶系。
解理、斷口	{100} 解理中等完全，貝殼狀斷口至梯狀斷口。
產地	獨居石的主要產地有南非、玻利維亞，特別是澳大利亞以及最近發現的中國。漂亮的晶體來源於阿爾卑斯山（瑞士、意大利、奧地利）、巴西、馬達加斯加、挪威、巴基斯坦和美國科羅拉多州。在法國著名產地有呂茲納克（阿里埃日省）、Plan-du-lac（伊澤爾省）和 Lauzière 高地（薩瓦省）。
詞源	獨居石monazite一詞來源於希臘語"monozoos"，意為"孤獨的"。
備受歡迎的獨居石	獨居石由於在地球上的含量稀少而備受歡迎，但它同時含有豐富的具有放射性的釷和鈾。因此，人們選擇通過提取稀土來尋找氟碳鑭礦（查閱此礦物說明）。稀土含有較少的釷和鈾。獨居石經得起由釷和鈾的衰變產生的輻射傷害，它曾被作為一個範例用於研究具有非常高活性的核廢料的貯存。

經切割的 37 克拉橄欖石（皇家陳列室）

玄武岩中的橄欖岩結核（法國中央高原）

橄欖石寶石（沙特阿拉伯）

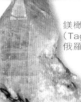

鎂橄欖石（Tagérane，俄羅斯）

鎂橄欖石（Sappat，巴基斯坦）

橄欖石

品種：鎂橄欖石、鐵橄欖石、"橄欖石"

鐵橄欖石（紐約）

類別9A：矽酸鹽，島狀矽酸鹽

分子式：Mg_2SiO_4（鎂橄欖石）,Mg_2SiO_4（玻璃蛋白石），$(Mg，Fe)_2SiO_4$（橄欖石）

比重：3.2-3.3

硬度：6-7

顏色、透明度 光澤度	無色、白色、黃色至綠色（鎂橄欖石）、黑色（鐵橄欖石）。透明至半透明。玻璃光澤。
晶形、晶系	塊狀，細粒狀，棱柱形晶體。斜方晶系。
解理、斷口	{001} 解理極完全和 {010} 中等完全解理，貝殼狀斷口。
產地	橄欖石產於無石英岩石中：火成岩（橄欖岩）、火山岩（橄欖岩包體和單獨晶體）和變質岩（矽卡岩），也產於隕星（橄欖隕鐵）和彗星（星塵）。重要的橄欖石產地有：埃及（聖約翰島）、巴基斯坦、斯里蘭卡、緬甸（猛拱）、美國亞利桑那州（聖卡洛斯）、意大利（維蘇威火山）。在法國的產地有 Chaîne des Puys。在玄武岩中也能找到橄欖岩地核和很稀少的單獨大晶體。玻璃蛋白石很稀少，產於阿勒瓦爾（伊澤爾省）。
詞源	橄欖石 olivine 一詞暗示它的顏色是橄欖綠（olive）的。
有石英就 沒有橄欖石	橄欖石只形成於沒有石英（或任何其他形式的二氧化矽）存在的地方。非官方名稱 "橄欖石" 僅被寶石學家們用於綠色品種的鎂橄欖石。橄欖石絕大多數實際上就是鎂橄欖石，有些鎂橄欖石含極少的鐵，它們是無色的晶體。

含瀝青方解石伴生正綠方石英
（蓬迪沙托，奧弗涅地區）

磨光乳白石
（澳大利亞）

乳白石輔足綱化石
（白崖，澳大利亞）

乳白石"水
矽鐵鎂石"
（默安，
歇爾省）

玻璃蛋白石
（聖路易斯
波托西，墨
西哥）

乳白石

種類：玻璃蛋白石、方英石、鱗石英、"正綠方石英"

類別4：氧化物和氫氧化物

分子式：$SiO_2 \cdot nH_2O$（水合氧化矽）

比重：1.9-2.5

硬度：5.5-6.5

火乳白石
（埃斯佩蘭薩，墨西哥）

顏色、透明度光澤度	無色、白色、橙色至紅色（火乳白石）、虹色（黑乳白石）。透明（玻璃蛋白石）至半透明。玻璃光澤至珍珠光澤。
晶形、晶系	塊狀，膠態的，"非晶型的"：常常是一種單斜晶階段的混合物（鱗石英）和/或四方晶系（方英石）。
解理、斷口	無解理，梯狀斷口。
產地	乳白石產於活躍的熱液區（矽華）和火山變質區的沉積物和化石中（箭石、貝殼、矽藻土）：澳大利亞、美國、波希米亞、埃塞俄比亞、墨西哥、匈牙利、加拿大等。在法國，正綠方石英產於多姆山省，水矽鐵鎂石產於歇爾省（Cher），肝蛋白石（"含樹脂乳白石"）產於梅尼蒙（Ménilmontant）（巴黎），或者多爾多涅省（Dordogne）和瓦爾省。
詞源	乳白石 opale 一詞出自 "sanskrit upala"，意為"寶石"。英文是"opal"。
一個複雜的群體	至少存在有4個品種的乳白石："CT"乳白石由方英石和鱗石英以及正綠方石英組成；C-乳白石，主要由方英石組成。AG-乳白石是由水合二氧化矽組成的"非晶形"，最後，AN-乳白石由少水合的有機二氧化矽組成（也稱為玻璃蛋白石）。許多乳白石的虹彩是由於完全層疊球面二氧化矽衍射光線成為迷你"天空彩虹"。

石英裹的自然金
（圭亞那）

金晶體
（西伯利亞）

石英伴生金
（達爾馬提亞，加利福尼亞）

自然金

種類：琥珀金（含銀）、汞合金（含汞）

類別1：元素

天然金塊，1851年淘
金熱潮（加利福尼亞）

分子式：Au

比重：16-19.3 隨着銀、銅、汞的含有量而變化

硬度：2.5-3

顏色、透明度 光澤度	鮮黃，金黃色。當含有銀時則更加光亮（琥珀金）。不透明（除薄金片外）。金屬光澤。
晶形、晶系	微小塊狀，罕見八面體晶體；塊狀，片狀，纖維狀，樹枝狀；片狀物，塊金。立方晶系。
解理、斷口	無解理，梯狀斷口，可鍛壓、可延展。
產地	自然金以塊狀和晶體形狀存在於熱液石英礦脈。自然金產於沖積層（片狀物和塊金）。塊狀著名產地有加利福尼亞、育空河、烏拉爾河和巴西。澳大利亞和剛果也同樣產出大量塊金。漂亮的晶體來自委內瑞拉以及俄羅斯、阿拉斯加或加拿大。在法國，圭亞那（Guyane）富含黃金礦脈，阿爾卑斯山脈的很多河流、布列塔尼省（Bretagne）、加隆省也出產自然金，還有傳統淘金地阿里埃日省。原生礦床產地有薩爾西尼（奧德省）、Rouez（薩爾特省）、Bellière（曼恩—盧瓦爾省）、Gardette（伊澤爾省）等。
詞源	自然金 or natif 一詞來源於拉丁語 "aurum"，意為黃金。英文是 "native gold"。
太珍貴了	金的晶體是罕見的（八面體），纖維金更是罕見的（非常美麗）。有些細菌能消化黃金，所以黃金並不是像人們認為的那麼恆久不變。金在圭亞那被過度地開採，那裏的生態系統被一些使用汞的淘金工人污染。

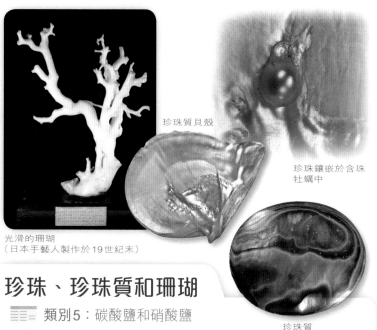

珍珠質貝殼

珍珠鑲嵌於含珠牡蠣中

光滑的珊瑚
（日本手藝人製作於19世紀末）

珍珠質

珍珠、珍珠質和珊瑚

類別5：碳酸鹽和硝酸鹽

分子式：CaCO₃（碳酸鈣）和有機物

比重：2.7（珊瑚和野生珍珠）、2.75（培植珍珠）至 2.85（盆地珍珠）

硬度：2-2,5

顏色、透明度光澤度	白色、淺灰色、暗綠色、淺玫紅色、鮮紅（珊瑚紅）、淺棕色至深棕色、虹色。半透明，珍珠質光澤至絲絹光澤。
晶形、晶系	片狀（貝殼）、塊狀和樹枝狀（珊瑚）、珠狀。三斜晶系。
解理、斷口	裂解，不規則破裂
產地	自然珍珠是極其罕見的，而人工培育珍珠則較為普遍，尤其是在太平洋海域。不同的貝殼類動物（如含珠牡蠣、淡水貽貝）用珍珠質包裹異物。珍珠質也成為了組成腹足類和頭足綱貝殼的一部分。珊瑚也產於碳酸鈣，這些生物礦物形成，然後積累，其中一部分顯著的地質碳酸化。斑彩石是一種漂亮的化石珍珠質。
詞源	珍珠perle來源於拉丁語"perna"，意為"貝殼"。珍珠質nacre來源於阿拉伯語"naqqara"，意為珍珠質。英語是mother of pearl和coral。
從生物礦物到岩石	這些生物礦物是由生物組織經過第一個驟由海水中的鈣和二氧化碳礦化作用而產生的。這個礦化作用以生物礦物的成熟、呈現碳酸岩形態時結束，這個過程在沉積盆地內部形成。

方解石和蛇紋岩中的鈣鈦礦（Rocca sella, 意大利）

鈣鈦礦（Achmatowsk，俄羅斯）

鈣鈦礦單晶（Achmatowsk 大草原，俄羅斯）

鈣鈦礦

類別4：氧化物和氫氧化物

分子式：CaTiO₃（鈣鈦氧化物）；（Mg.Fe）SiO₃（鎂鐵矽氧化物或"鎂矽"鈣鈦礦）。

比重：4

硬度：5.5

顏色、透明度、光澤度	黑色至紅棕色，黃色至橙色。透明至不透明。金剛石光澤至半金屬光澤。
晶形、晶系	塊狀，顆粒狀，偽立方晶體。斜方晶系。
解理、斷口	立方體解理，貝殼狀斷口。
產地	鈣鈦礦產於矽卡岩（阿肯色州）、火山聚集地（維蘇威）、綠泥片岩（瑞士、烏拉爾河）、鹼性岩石（凱撒施圖爾山，德國）和金伯利岩（南非），也存在於某些隕石中。在地幔（以及其他行星中）也存在鎂鐵鈣鈦礦。
詞源	鈣鈦礦 pérovskite 一詞來源以俄羅斯礦物學家 Iev Alekseïevitch Perovski（1792~1856）命名。
鈣鈦礦是地球上最豐富的礦物嗎？	如果說"鈣鈦"鈣鈦礦在地球上現有量稀少，"鎂鐵"鈣鈦礦無疑是地球上最豐富的礦物品種。研究表明，它是地球地幔的重要組成成分。但是，鎂鐵鈣鈦礦不被認為是一種單獨的品種，因為人們不能從任何岩石中得到樣本，而僅僅只能在實驗室中合成。

一小瓶裝有各種鉑族元素
的濃縮物（哥倫比亞）

天然鉑金塊（俄羅斯）

自然鉑

種類：鋨、鈀（鉑族元素）

≡≡≡ **類別1：元素**

🧪 **分子式：Pt**

天然鉑金塊（俄羅斯）

🔺 **比重：14-21.5（中等接近17.5-18隨着混雜物變化）**

〰️ **硬度：4-4.5**

顏色、透明度 光澤度	淺灰至深灰。不透明，金屬光澤。
晶形、晶系	塊狀，顆粒狀，塊金，片狀物，立方晶系。
解理、斷口	無解理，梯狀斷口。
產地	自然鉑是非常稀少因而備受追棒的礦物，基本上被開採於南非、加拿大、阿拉斯加、烏拉爾河（俄羅斯）。在法國，自然鉑產地有伊澤爾省、佩內斯坦（Penestin）濱海衝擊層（莫爾比昂省），也會以微小包體形態出現在超鹼性岩石中。
詞源	自然鉑 platine natif 來源於西班牙語 "platina"，意為 "小的銀色金屬"。英文是 "Platinum"。
罕見的 礦物學	鉑金只是出現在幾個罕見的礦床：在20世紀，烏拉爾河礦床因含有鉑金而變成神話。其中大量的塊金被幸運地保存在了世界各地的博物館。鉑金晶體更加稀少，尤其是立方晶體。它會和其他很多金屬自然地形成合金，這些金屬比如鐵、金，或者其他鉑族金屬（鋨、鈀、銥）。被找到的罕見晶體是結晶在鈣長石或其他超鹼性礦物岩石中。

葡萄石（La Balme d'Auris，伊澤爾省）

葡萄石和吉水矽鈣石（印度）

葡萄石（La Balme d'Auris，伊澤爾省）

葡萄石（浦那，印度）

葡萄石

≡≡≡ 類別9D：矽酸鹽，鏈矽酸鹽

🧪 分子式：$Ca_2Al_2Si_3O_{10}(OH)_2$（鈣水合矽酸鋁鹽）

🔺 比重：2.8-2.95

▬ 硬度：6至6.5

顏色、透明度光澤度	無色、綠色、灰色、黃色、白色、橙色、藍色。透明（很少）至半透明。玻璃光澤。
晶形、晶系	塊狀，鐘乳石狀，球狀，腎形。斜方晶系。
解理、斷口	{001}中等完全解理，梯狀斷口。
產地	葡萄石產於熱液作用下的變質岩中：印度（浦那）、德國（哈茨山）、納米比亞（最近開採出一種未知橙色變種），最近在馬里發現了綠色大球形葡萄石。在法國，象徵性的葡萄石產地有瓦桑堡週圍、La-Balme-d'Auris 和 Combe-de-la-Selle（伊澤爾省），也存在於比利牛斯山脈（Salau, Aure, Costabonne）和孚日省（拉翁萊塔普）。
詞源	葡萄石 prehnite 以陸軍上校 Hendrik von Prehn 的名字命名（1733~1785）。
不是一種沸石！	葡萄石不是一種沸石，雖然經常與這些變質玄武岩泡裏的矽酸鹽相關。在熱液礦脈中也能找到葡萄石（高山類型）。在熱液礦脈中，葡萄石常與綠簾石、斧石、綠泥石相結合，比如在瓦桑（法國）、瑞士和巴基斯坦。葡萄石寶石很稀少，它可以被切割。

淡紅銀礦（聖瑪麗奧米內，上萊茵省）　　深紅銀礦（哈茨山，德國）

淡紅銀礦（查納西約，智利）

淡紅銀礦和深紅銀礦

類別2：硫化物和礬鹽

深紅銀礦（弗雷斯尼約，墨西哥）

分子式：淡紅銀礦：Ag_3AsS_3（銀砷化硫）；深紅銀礦：Ag_3SbS_3（硫銻化銀）

比重：5.5-5.6（淡紅銀礦）；5.8（深紅銀礦）

硬度：2-2.5（淡紅銀礦），2.5（深紅銀礦）

顏色、透明度光澤度	朱紅色、黑色。透明至半透明。半金屬光澤或金剛光澤。
晶形、晶系	塊狀，粒狀。晶體罕見，更多是棱柱狀和短粗狀。三方晶系。
解理、斷口	{1011}不完全解理，貝殼狀斷口。
產地	淡紅銀礦和深紅銀礦生成於低溫熱液礦脈中和次生富集作用。傳統產地有：德國（哈茨山和弗賴貝格）、捷克共和國（雅克摩夫和普日布拉姆）、摩洛哥（伊米特爾）、智利（查納西約）、秘魯（萬卡韋利卡）、墨西哥和中國。在法國的產地有聖瑪麗奧米內（上萊茵）、馬西亞克（康塔勒省）、Fontsante（瓦爾省）、Peyrebrune（塔爾納省）、Chalanches（伊澤爾省）等。
詞源	淡紅銀礦 proustite 一詞來源於法國化學家J.-L. 普魯斯特（J.-L. Proust）(1755~1826) 的姓氏，深紅銀礦 argyrythrose 來源於希臘語 pyr 和 argyros，意為 "紅色的銀"，暗示它的顏色。
紅銀	淡紅銀礦和深紅銀礦都屬於 "紅銀"，它們是非常稀少的透明、發亮的硫化物。瑰麗的樣品備受收藏者們的追捧。聖瑪麗奧米內出產的紅銀只剩下少數樣品，不足以證明該礦區資源的富饒。

白鐵礦結核局部打開
〔香檳地區（Champagne），
法國）〕

黃鐵礦
（羅格羅諾，
西班牙）

赤鐵礦和方解石伴生黃鐵礦
（Batère，東比利牛斯）

黃鐵礦和白鐵礦

▤▤▤ 類別2：硫化物和硫鹽

🧪 分子式：FeS$_2$（二硫化鐵）

🔺 比重：4.9（白鐵礦），5（黃鐵礦）

▽ 硬度：6-6.5

黃鐵礦
（塞羅－德帕斯科，秘魯）

顏色、透明度光澤度	金黃色，不透明，金屬光澤。
晶形、晶系	塊狀，顆粒狀，立方晶體，有時條紋狀，可被拉長，五角形或八面體（黃鐵礦），鐘乳石，結核（白鐵礦）。立方晶系（黃鐵礦）、斜方晶系（白鐵礦）。
解理、斷口	解理不明晰，貝殼狀斷口。
產地	產於金屬礦床和一些沉積岩中（片岩）。主要產地有秘魯（Urucha-cua、山德爾帕斯科）、意大利（厄爾巴島、托斯卡納）、希臘（卡珊德拉）、西班牙（納瓦洪）、美國（密蘇里州、伊利諾伊州）、墨西哥（薩卡特卡斯）和中國。在法國，形成漂亮晶體的產地有Batère（比利牛斯）（Pyrénées）、農特龍（Nontron）（多爾多涅省）（Dordogne）、緬因（Le Maine）（莫旺）（Morvan）、薩爾西尼（Salsigne）（奧德省）（Aude）、馬林（Les Malines）（加爾省）（Gard）、呂茲納克（Luzenac）（阿列日省）（Ariège）、Montroc（塔爾納省）、Cap-Blanc-Nez 和香檳地區（白鐵礦）。
詞源	黃鐵礦 pyrite 來源於希臘語"lithos"，意為帶火星的石頭。
黃鐵礦VS白鐵礦	黃鐵礦是斜方晶系白鐵礦的多晶型立方體。黃鐵礦是有最多結晶形式的礦物質之一。美鈔圖案上的光線就是呈現了黑色岩層之間蘊藏着黃鐵礦晶體。黃鐵礦和白鐵礦並不穩定，應該遵循它們的變化，小心對待它們以防止變質。

黃綠石（Vishnevye，俄羅斯）

黃綠石（Vishnevye，俄羅斯）

黃綠石（Oka，加拿大）

黃綠石

種類：黃綠石、鈮鈦鈾礦、微晶

≡≡≡ **類別4**：氧化物和氫氧化物

⚗ **分子式**：$(Na,Ca)_2Nb_2O_6(OH,F)$（氫化氟基氧化鈉、鈣、鈮）

🔺 **比重**：3.5 -4.6

〽 **硬度**：5 -5.5

顏色、透明度光澤度	棕色至紅色、黑色、黃色。透明至不透明。玻璃光澤至金剛光澤、樹脂光澤。
晶形、晶系	塊狀，顆粒狀，孤立晶體（通常八面體）。立方晶系。
解理、斷口	八面體中等完全解理，梯狀斷口。
產地	產於偉晶岩及其沉積岩：拉爾、坦桑尼亞、挪威、馬達加斯加、魁北克省、安大略省和新墨西哥州。法國的產地有：阿爾薩斯省（Bluttenberg、于爾貝）、中央高原（埃沙西埃、Marsanges、拉龍德）、朗格多克（馬林、le Mas Dieu, Loiras）、利穆贊大區（昂巴扎克）、阿爾卑斯山（拉米爾、Les Cougnasses）、普羅旺斯（Peirol）。
詞源	黃綠石 pyrochlore 來源於希臘語 "pyr et chloros"，意為 "火花和綠色"。
重要的氧化物	黃綠石的名稱既是指狹義的黃綠石，也可指代含有較大比例的鉭（鉭燒綠石）、鈾（鈮鈦鈾礦）和稀土的礦物。這些品種應貯存在密閉容器裏，以防止電離的輻射和氡氣的散發。此氣體的放射性比鈾更危險，因為它可以非常迅速地被人體吸入。

軟錳礦
（阿爾邦，塔爾省）

拉錳礦（亞利桑那州）

拉錳赤鐵礦
（亞利桑那州）

軟錳礦和拉錳礦

類別4：氧化物和氫氧化物

分子式：MnO₂（氧化錳）

比重：4.4-5.1

軟錳礦（摩洛哥）

硬度：6-6.5

顏色、透明度 光澤度	黑色、灰色、棕色或淺藍色。不透明。金屬光澤。
晶形、晶系	實心，土質地、球狀、腎狀、樹狀。針狀結晶。四方晶系，斜方晶系。
解理、斷口	{110}極完全解理，貝殼狀斷口，易碎。
產地	存在於錳礦床氧化區和大量錳礦石沉積物中。主要產於：上布拉特納（捷克）、德國（許多礦山）、印度（Dongari Buzurg）、加蓬（穆納納）、南非（霍塔澤爾）和美國（艾恩伍德和萊德維爾）。在法國，軟錳礦出產於：阿爾薩斯地區la Pyrolusite 和弗拉蒙、Saphoz（上索恩省）、Haut-Poirot（孚日省）、阿爾邦（塔爾納省）、Kaymar（阿韋龍省）、Aure山谷（比利牛斯省）；拉錳礦出產於：聖—瑪麗奧米內（阿爾薩斯地區）、Saphoz、Montebras（克勒茲省）和比利牛斯省的錳礦床中。
詞源、同義詞	軟錳礦 Pyrolusite 來源於希臘語 "pyro" 和 "louein"，意為 "摩擦生火"，由美國礦學家 Lewi S.Ramsdell（1895~1975）發現。同義詞為 "Polianite"，指大量軟錳礦晶體。
二氧化錳的 兩種晶體	氧化錳是在錳礦氧化或者氫氧化物的作用下形成的。軟錳礦較為普遍，而拉錳礦則極為罕見。"錳塊"是這兩種氧化物的混合物。"岩石上的氧化錳"形成水鈉錳礦。

變質磷氯鉛礦〔於埃爾戈阿，菲尼斯太爾省（Finistère）〕

磷氯鉛礦〔謝拉克，安德爾省（Indre）〕

磷氯鉛礦〔法爾日，科雷茲省（Corrèze）〕

磷氯鉛礦
（施泰因巴赫，上萊茵省）

磷氯鉛礦

種類：綠鉛礦

類別8：磷酸鹽

分子式：$Pb_5(PO_4)_3Cl$（氯化鉛）

比重：7

硬度：3.5-4

顏色、透明度光澤度	綠色至黃色、橙色、棕色。透明至半透明的。樹脂呈金剛光澤。
晶形、晶系	實心，晶體呈圓桶狀，六方柱狀、樹狀、腎狀、晶簇狀。六方晶系。
解理、斷口	無解理，梯狀斷口。
產地	磷氯鉛礦形成於鉛礦床氧化帶。典型產地有：德國巴特埃姆斯、英國（Cumberland）、澳大利亞、墨西哥（馬皮米）、美國（邦克山）、中國。法國的主要磷氯鉛礦產地位於科雷茲省的法爾日、安德爾省的謝拉克、塔恩省的聖薩爾維德拉 - 巴爾姆、阿韋龍省的Vézis以及上萊茵省的銀塔爾。
詞源	Pyromorphite 來源於希臘語 "puros, feu" 和 "morphé"（一種熔球冷卻後的結晶）
一種極其稀有的礦物	磷氯鉛礦顏色各異、形態多樣，極受收藏者的喜愛。其原子結構接近磷灰石，它形成了一系列綠鉛礦 $Pb_5(VO_4)_3Cl$ 和釩鉛礦 $Pb_5(VO_4)_3Cl$。磷氯鉛礦往往是綠褐色的，綠鉛礦則通常是黃色的，而釩鉛礦通常呈紅色，但這些區分並不嚴格。研究表明，細菌合成磷氯鉛礦始於富含鉛和磷酸鹽的水溶液。

石英中含鉻的透輝石（奧托昆普，芬蘭）

輝石（阿里恰，意大利）

輝石

種類：*頑火輝石、透輝石、輝石、霓石、硬玉*

類別9D：矽酸鹽，鏈矽酸鹽

頑火輝石（巴基斯坦）

分子式：

XY(Si,Al)$_2$O$_6$ 和 X = Ca，Na，Fe^{2+} 和 Mg，Zn，Mn 和 Li 和 Y = Cr，Al，Fe^{3+}，Mg，Mn，Sc，Ti，V，Fe^{2+}（複雜的矽鋁酸鹽）

比重：3.2（頑火輝石、鋰輝石），3.3（透輝石），3.5-3.6（霓石），3.2-3.6（鈣鐵輝石），3.4-3.9（硬玉）。

硬度：5-6（頑火輝石、透輝石、輝石、鈣鐵輝石、硬玉），6-6.5（霓石），6.5-7（鋰輝石）

顏色、透明度光澤度	黑色，翠綠至碧綠色（硬玉）；黃至棕色、白至灰色、粉色、翠綠色（鋰輝石）。透明至不透明。玻璃光澤。
晶形、晶系	實心，由顆粒組成，層紋狀、棱柱狀晶體，通常矮狀；斜方晶系（頑火輝石、紫蘇）或單斜晶系（更常見）。
解理、斷口	{110} 和 {010} 兩個幾乎90度的完全解理，梯狀斷口。
產地	輝石存在於宇宙（隕石）、岩漿岩（火山岩和顆粒）、矽卡岩以及沖積層中，在某些偉晶岩中含有豐富的鋰。巴西、緬甸、土耳其、坦桑尼亞、巴基斯坦出產透輝石，意大利和德國出產輝石，亞洲和中美洲出產玉，意大利、美國和巴基斯坦出產鈣鐵輝石，阿富汗、巴基斯坦、美國、巴西和馬達加斯加出產鋰輝石，加拿大、馬拉維、格陵蘭島、挪威和俄羅斯出產霓石。在法國，奧弗涅的熔岩石（多姆山省，上盧瓦爾省）出產頑火輝石和輝石，阿爾薩斯地區（弗拉蒙）和比利牛斯山（Salau）出產鈣鐵輝石，凱拉（阿爾卑斯大區）出產輝石和翡翠，阿摩爾濱海省（Côtes-d'Armor）的特雷馬爾加（Trémargat）則出產鋰輝石。

認識礦物與寶石

天然的和經過琢磨的紫鋰輝石
（瑪威，阿富汗）

長石上的棕色鋯石和霓石
（Malosa，馬拉維）

透輝石（馬達加斯加）

鋰輝石，翠綠鋰輝石（Namacotcha，莫桑比克）

中國挂飾（19世紀）
上等玉加粉色石英珠

詞源	輝石 pyroxène 來源於希臘語 pyro 和 xenos，不熔於火，能在熔岩石中形成晶體。
一個大家族	輝石是一個很大的礦物家族，各個種類形態各異。輝石形成的晶體往往比閃石更敦實，輝石晶體與閃石晶體的區別在於輝石晶體的解理幾乎是正交的。單斜晶系的輝石由鎂鐵質矽酸鈣（透輝石、輝石、鈣鐵輝石）或鈉（輝石、鋰輝石、最受收藏家喜愛的翡翠）組成。斜方晶系輝石主要包括頑火輝石（斜頑火輝石）、鐵頑火輝石、類似中間品種、紫蘇和古銅輝石。斜方輝石是地球地幔的主要成分，且是地球上最常見、最主要的礦物。輝石在宇宙中也大量存在，在隕石（夏夕尼隕石等）中最為常見，並已被發現存在於蝴蝶行星星雲（NGC6302）中。鉻鐵礦品種（透輝石、鈉鉻輝石、翡翠）作為鋰輝石寶石品種：紫鋰輝石和翠綠鋰，備受寶石學家的重視。鋰輝可以形成巨大的晶體，在美國其大小可以達到12米。透輝石可能出現4個星芒，而頑火輝石則可顯示微光"貓眼"，如同磷灰石和綠寶石。

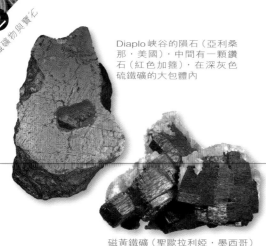

Diaplo 峽谷的隕石（亞利桑那，美國），中間有一顆鑽石（紅色加箍），在深灰色硫鐵礦的大包體內

磁黃鐵礦（Morrovelho，巴西）

磁黃鐵礦（聖歐拉利婭，墨西哥）

磁黃鐵礦、硫鐵礦

≡≡≡ 類別2：硫化物和磺鹽

🧪 分子式：$Fe_{1-x}S$，x=0-0.2，當 x=0 時，就得到了硫鐵礦（FeS）

🔺 比重：4.6-4.7

🔻 硬度：3.5-4.5

磁黃鐵礦
（特雷普查，科索沃）

顏色、透明度光澤度	金黃色、深棕色（硫鐵礦是鐵灰至黑色），不透明。金屬光澤。
晶形、晶系	實心，扁桶狀晶體，千層六邊形截面；單斜晶系（六邊形千層）。
解理、斷口	無解理，梯狀斷口。
產地	雌黃鐵礦和硫鐵礦存在於超基性岩、熱液脈和變質作用的接觸面中。火星和木星的各種衛星中都含有豐富的磁黃鐵礦和硫鐵礦（夏夕尼隕石，Diablo 峽谷等）。著名的地面磁黃鐵礦礦區位於墨西哥（聖油菜花）、科索沃（特雷普查）、羅馬尼亞、巴西、加拿大、瑞士和西伯利亞。人們還在美國加利福尼亞州、格陵蘭島、意大利和挪威發現過硫鐵礦。在法國，硫鐵礦存在於各種隕石中，而磁黃鐵礦礦區則以乎日省較為著名，此外還有中央高原（馬西亞克、朗雅克）、布列塔尼地區（Bodennec Montbelleux）、莫旺（l'Argentolle）、阿爾薩斯地區（法爾日）、塔恩省（拉斯維加斯考斯特）、瓦爾省（Fontsante）、阿爾卑斯山（Oisans，lauzière）等。
詞源	磁黃鐵礦 pyrrhotite 來源於希臘語 pyrrhotes，意為火焰的顏色。
一個普遍，一個稀有	磁黃鐵礦這種硫鐵礦通常含鐵量低，除了隕石中優先形成的硫鐵礦（最多達35%，在 Mundrabilla 隕石中）。

方鉛礦中的
薔薇輝石（布
羅肯希爾，澳
大利亞）

薔薇輝石
（富蘭克林，美國）

鈣矽石（劉易斯，紐約）

針鈉鈣石（聖海拉爾，加拿大）

輝石岩

種類：鈣矽石、薔薇輝石、針鈉鈣石

藍色針鈉鈣石（聖多明各）

類別9D：矽酸鹽，鏈矽酸鹽

分子式：

$CaSiO_3$（鈣矽石），$MnSiO_3$（薔薇輝石）和$NaCa_3SiO_8(OH)$（針鈉鈣石）（鈣矽酸鹽，錳或鹼石灰水合物）

比重：2.9（硅灰石和針鈉鈣石）；3.6（薔薇輝石）

硬度：2-2.5

顏色、透明度光澤度	無色、白至灰色（鈣矽石和針鈉鈣石）、淺黃至綠色（針鈉鈣石）、粉紅至紅棕色（薔薇輝石、針鈉鈣石）、灰至淺黃色（薔薇輝石）、藍色（針鈉鈣石）。透明至半透明。玻璃光澤。
晶形、晶系	實心，細粒狀，纖維狀；棱柱型；球型至柱型（針鈉鈣石）；三斜晶系。
解理、斷口	{100}和{001}完全解理（鈣矽石、針鈉鈣石）；{110}和{110}完全解理（薔薇輝石）。梯狀斷口（鈣矽石，薔薇輝石）至貝殼狀斷口（針鈉鈣石，薔薇輝石）。
產地	矽灰石、薔薇輝石和針鈉鈣石在高溫下變質形成，薔薇輝石和針鈉鈣石也存在於熱液礦區。針鈉鈣石結合沸石往往次生於玄武岩中。已知產地有：馬達加斯加、印度、中國（矽灰石）、澳大利亞、巴西、美國（薔薇輝石）、加拿大、巴基斯坦、西印度群島（針鈉鈣石）。在法國，比利牛斯山脈（維埃耶歐爾，Salau，Costabonne）出產矽灰石和薔薇輝石，孚日省（塔普和聖納博）出產針鈉鈣石。
詞源	輝石岩pyroxénoïde一詞得名於與輝石pyroxène的相似。
離輝石很遙遠！	輝石岩類是輝石的一種成分，但是它們的結構卻不一樣。纖矽鋯鈉石和針鈉錳石是另外一些非常棒的輝石岩類。

岩石水晶
（Bourg-d'Oisans, 伊澤爾省）

經過加工的煙灰色石英墊塊（90克拉，巴西）

被研磨過的紫黃晶
（玻利維亞）

石英雙晶
（伊碧提，
馬達加斯加）

粉紅色石英（巴西）

石英

種類：岩石水晶、紫水晶、黃水晶、黑水晶

類別4：氧化物

分子式：SiO_2（氧化矽）

比重：2.6-2.65

硬度：7

顏色、透明度光澤度	無色（"岩石水晶"，透明的石英）、白色、粉紅色、藍色、綠色（"蔥綠東陵石"）、紫色（"紫水晶"）、紫黃色（"紫黃晶"）、黃至橘黃色（"黃水晶"）、淺紅至棕色（"血紅水晶"），棕色（"煙灰石英"）至黑色（"黑晶"）。透明至半透明。玻璃光澤。
晶形、晶系	實心，由細粒構成，矮狀或長形的；三方晶系。
解理、斷口	{0111}解理不明晰；貝殼狀斷口。
產地	石英無處不在，除了不存在於超基性基礎岩中（橄欖岩、輝長岩、玄武岩）和高血鉀中（霞石正長岩、響岩等）。美麗的石英晶體被發現於金屬熱液礦脈和"高山槽"中，也存在於風化的火山岩囊泡中（因而才形成晶洞）。石英的產地包括：巴西、馬達加斯加（紫水晶、黃水晶、粉紅）、美國（水晶石，莫里恩）、瑞士（水晶石和墨晶）、玻利維亞（紫黃晶），等等。在法國，多姆山省的瓦桑出產水晶石和紫水晶（韋爾，瓦雷內河等），在勃朗峰、比利牛斯山、布列塔尼、阿韋龍省、孚日省等也出產美麗的石英。

經過切割的黃水晶
（120克拉，巴西）

蔥綠的石英
水晶（巴西）

法老時期的項鍊，由
紫水晶、石英、光玉
髓、綠寶石、縞瑪瑙
和珍珠做成

雕刻過的東陵石（巴西）

血紅石英水晶

研磨過的紫水晶片
（沙瓦尼阿克拉費埃特，多姆山省）

詞源	石英 quartz 一詞來源於日耳曼語。
非常棒的礦物種類	石英化學成分的簡單性隱藏了其原子結構的複雜性和其顏色、形狀的多樣性。許多石英雙晶的存在（伊澤爾省的 Gardette、巴西等）反映了這種多樣性。除了具有高剛性的緊湊結構（解釋了為何石英的硬度能達到7），石英還擁有很多吸引人的地方：藍線石的顏色有粉色至藍色，綠泥石或蛇紋石則是石英的綠色品種。沒有外來原子真正被允許進入它的結構，除了三價鐵（提供了黃水晶）和鋁（不着色的）。另外，由於石英受週圍鉀鹽的伽馬輻射影響，比如長石，它能通過輻射形成紫水晶（若石英原本是黃水晶）或墨晶（若含有明礬）。通過加熱紫水晶，人們能發現紫水晶會變為黃水晶。"紫黃晶"是一種石英，它能體現哪一區域富含紫水晶，哪一區域富含黃水晶。水晶岩是阿爾卑斯水晶獵人的專屬。自古以來，他們從高山槽中提取，並對其造型加工。這些水晶當時由路易十四在凡爾賽"水晶櫃"中展覽。同樣，水晶吊燈由閃亮的石英製成。威尼斯工匠仿水晶，製造所謂的 "Cristallo" 玻璃，翻譯到法語裏變為"水晶"。所以，人們一直把水晶和水晶玻璃相混淆。直到今天，許多乎日玻璃仍然繼續被稱作"水晶"，但它其實只是玻璃。

雌黃（呂賽朗，阿爾卑斯海濱省）

雌黃晶體
（基魯必加，
秘魯）

用雄黃雕刻的李子
樹枝，但是其表面
變質為類似雄黃
（中國，18世紀）

雄黃單晶
（石門，中國）

雄黃（迪拉尼，
阿爾卑斯海濱省）

雄黃和雌黃

相關的物種：對位雄黃

類別2：硫化物

雄黃：As_4S_4; 雌黃：As_2S_3（硫化砷）

3.5至3.6

1.5至2

顏色、透明度光澤度	紅色（雄黃）；黃至淺棕橘黃（雌黃）；透明至半透明；金屬光澤。
晶形、晶系	實心，葉狀的，泥污的；一般來講幾乎沒有晶體，棱柱的，更像長條的（雄黃）或者矮狀的（雌黃）；單斜晶系。
解理、斷口	{010} 完全解理；梯狀斷口；易碎的，可切的。
產地	存在於低溫和溫泉的熱液礦床。美麗的晶體發現於秘魯（基魯維爾卡）、羅馬尼亞（巴亞斯普列）、日本、美國內華達州、西伯利亞和中國。在法國，雄黃和雌黃的產地有：瓦爾省（裸杜拉、呂塞朗）科西嘉島（馬特拉）、多姆山省（聖內克泰爾）和阿爾薩斯省（聖瑪麗奧克斯地雷），另外還有聖斯蒂芬或代卡澤維爾（阿韋龍省）。
詞源	雄黃的名稱來自阿拉伯語 rahj al ghar，意為礦粉；雌黃的名稱來自拉丁文 auripigmentum，指其鍍金色。
需避光保存	雄黃必須遠離紫外線，它會使其聚合。這種現象是漫長而不易被發現的，但等人們意識到它，卻為時已晚：雄黃開始不可逆轉地變為類似雄黃（不要和雌黃混淆）。晶體會分解成粉，很多負有盛名的博物館因此失去了極好的樣本。

菱錳礦（Saphoz，上索恩）

菱錳礦（穆娜娜，加蓬）

磨光的菱錳礦
（科羅拉多）

菱錳礦
（卡皮利塔斯，阿根廷）

菱錳礦

 分類5：碳酸鹽和硝酸鹽

分子式：$MnCO_3$

比重：3.69

硬度：3

菱錳礦（秘魯）

顏色、透明度光澤度	柔粉至鮮紅色、淺棕紅，至淺黃。透明至半透明。玻璃光澤。
晶形、晶系	實心，起伏狀，鐘乳石狀，帶狀；菱形，偏三角面體；三方晶系。
解理、斷口	沿棱面體完全解理；貝殼狀斷口；易碎的。
產地	菱錳礦存在於錳礦的氧化帶。主要產地有阿根廷（卡塔馬卡），科羅拉多州，秘魯（Huaron），南非（霍塔澤爾），加蓬（穆納納），德國（哈茨）和中國。 在法國的產地有：歐爾谷和Louron〔阿列日省（Ariège）〕的採礦山谷，Saphoz〔上索恩省（Haute-Saône）〕和Peyrebrune（塔恩省）。
詞源	菱錳礦 rhodochrosite 一詞來源於希臘語 rhodo 和 chromas，意為粉色。
極其受寵	菱錳礦也是礦物學中的一個"暢銷礦物"，價格高昂。瑰麗的樣品（來自美國科羅拉多州和中國）已經成為了很多投機者的目標。紅紋石有可能是淡粉色的，與鈣菱錳礦（參閱方解石說明）相似。所以要注意鈣菱錳礦有時會被當作更為罕見的菱出售，其售價因而更貴。

綠泥色石英上的銳鈦礦
（Le Bourg-d'Oisans, 伊澤爾省）

石英上的銳鈦礦
（Le Bourg-d'Oisans, 伊澤爾省）

金紅石
（Kerleven海灘，
菲尼斯泰爾）

金紅石

金紅石，銳鈦礦，板鈦礦

相關物種：akaogiite

類別4：氧化物和氫氧化物

分子式：TiO_2

比重：3.9（銳鈦礦）；4.1（板鈦礦）；4.2-4.3（金紅石）

硬度：5.5-6（銳鈦礦和板鈦礦）；6-6.5（金紅石）

顏色、透明度光澤度	棕色至紅色，棕色至黃色和灰色；鮮黃色（金紅石），藍黑色（銳鈦礦）；紅棕色（板鈦礦）；透明至半透明；釉質至樹脂光澤。
晶形、晶系	塊狀，顆粒狀；立方晶系（金紅石和銳鈦礦）；斜方晶系（板鈦礦）。
解理、斷口	完全解理 {110}（金紅石）或 {101}（銳鈦礦）；貝殼狀不規則斷口。
產地	金紅石是形成於高溫下的礦物質，也見於碎屑沉積岩中。銳鈦礦和板鈦礦由於鈦鐵礦變質發現在"高山槽"中。傳統產地在巴西（與赤鐵礦有關），瑞士和烏拉爾。銳鈦礦和板鈦礦是高山的特產（瑞士、意大利、法國）：他們現在也存在於巴基斯坦。一大批銳鈦礦在挪威發現。在法國，金紅石產於布列塔尼海灘（Kerleven等），奧弗涅沖積層，在 Trimouns 和 Lherz（比利牛斯山脈）。高山銳鈦型和板鈦礦（Oisans上的聖克里斯多夫恩，Lauzière 和塔朗泰斯的群山……）

在金紅石裏的石英（巴西）

石英上的金紅石
（Kapyldzhyk礦石，阿塞拜疆）

板鈦礦（巴基斯坦）

詞源	金紅石rutile來源於拉丁文rutilus，意為紅色；銳鈦礦anatase來源於希臘文anatasis，意為延伸；板鈦礦brookite一詞來源於英國礦物學家Henry J.Brooke（1771~1857）。
一個分子式，四種礦物	金紅石是鈦氧化物中出產量最大的礦物，當溫度高於750℃時，板鈦礦會轉變成金紅石，而銳鈦礦則會在溫度超過600℃時轉變成金紅石。我們仍然不是很清楚為什麼當溫度低於500℃時，板鈦礦比銳鈦礦更容易結晶。金紅石是很穩定的：在風化剝蝕的沉積物中能找到金紅石，其附近往往伴生有其他像它一樣堅固而稠密的礦物，如金剛石、金、錫石。找到金紅石就指示了附近可能有貴重金屬礦床或寶石。鈦氧化物中存在第四種礦物：Akaogiite（金紅石高壓多形），它屬於單斜晶系，通過高壓碰撞形成（與巴伐利亞裏斯隕石坑有關），它有可能是氧化鈦TiO_2在地幔中含量最大的礦物，而金紅石則在地表中的儲存量最大。鈦氧化物被用於提取鈦這種非常耐久、柔韌、堅固的金屬。鈦看上去不會變質，這是因為其表面附着了一層無色而耐久的氧化鈦，保護它免受空氣侵蝕。金紅石和鈦鐵礦（查閱次礦物説明）是主要的含鈦礦物。氧化鈦TiO_2被用於塗抹在雕塑品上，只需薄薄的一層，就能避免其因太陽紫外線照射而發黃。氧化鈦也被用於美容，防曬霜中含有氧化鈦，它能阻隔太陽紫外線。最近，氧化鈦納米粒子被人工合成了，但某些研究人員對使用如此微小的粒度及其對健康的影響懷有憂慮。

硬錳礦（摩洛哥）

發亮軟錳礦地殼中的鋇硬錳礦硬皮
（聖普里，索恩省和盧瓦爾省）

硬錳礦

鋇硬錳礦
（貝托萊訥，
阿韋龍省）

鋇硬錳礦

≣≣ 類別4：氧化物和氫氧化物

🧪 分子式：（Ba，H_2O)$_2$$M_5O_{10}$（氧化鋇和水合氧化錳）

🔺 比重：4.4 -4.7

◣ 硬度：5-6

顏色、透明度 光澤度	黑色至黑褐色；不透明；金屬光澤。
晶形、晶系	塊狀、顆粒狀、丘陵起伏狀、鐘乳石狀或土狀；單斜晶系。
解理、斷口	無解理，梯狀斷口。
產地	該類礦山位於錳儲量豐富的氧化帶。例如德國（施內貝格，艾瑟費爾德），英國（聖奧斯特爾）、巴西（歐魯普雷圖）、摩洛哥（塔烏斯）、美國（密歇根州），葡萄牙（塞圖巴爾）、南非（韋瑟爾斯）等地區。法國：維約桑（Vieussan）〔埃羅省（Hérault）〕、謝爾西（Chessy）（羅納省）、貝爾托萊恩（Bertholène）（阿韋龍省）、於爾貝和施塔爾貝爾格（Urbeis et Stahlberg）（阿爾薩斯省）、Saphoz和羅馬內什托蘭（Romanèche-Thorens）（上索恩省）、這是該類型地區（索恩-盧瓦爾省）。
詞源、 同義詞	鋇硬錳礦Romanéchite起源於Romanèche，索恩─盧瓦爾省。同義詞 "psilomélane"（已被棄用）。
硬錳礦， 鋇硬錳礦？	該種硬錳礦已經被棄用，因其由鋇硬錳礦、軟錳礦或/和錳鋇礦，即錳的另一複合氧化物，以及水鈉錳礦─水羥錳礦型相構成。在沒有廣泛的研究情況下，很難區別這些黑錳氧化物。煤礦工人仍在使用硬錳礦這個名字。早在舊石器時代，這些礦物質被用於畫壁作畫在拉斯科洞穴中。

白鎢礦（Costabonne，阿里埃日省）

白鎢礦（米納斯吉拉斯新利馬，巴西）

白鎢礦
（特拉韋爾塞拉，意大利）

白鎢礦

≣≣≣ 類別 7：硫酸鹽

🧪 分子式：$CaWO_4$（鎢酸鈣）

🔺 比重：5.9-6.1

⛏ 硬度：4.5-5

白鎢礦（瑤光縣，中國）

顏色、透明度 光澤度	無色、白色、亮淡黃色；棕黃色至淺紅色；透明至半透明；玻璃光澤；紫外熒光。
晶形、晶系	塊狀、顆粒狀、粉末狀、雙錐晶體；四方晶系。
解理、斷口	中等完全解理 {010}，梯狀斷口。
產地	白鎢礦由花崗偉晶岩、雲英岩和接觸變質作用形成。著名產地有：中國（平武、四川）、朝鮮（通什）、韓國和意大利（特拉韋爾塞拉）。在法國：這些晶體主要產於弗拉蒙（Framont）（孚日省）、Salau 和 Costabonne（比利牛斯省）；還有蓬日博（Pontgibaud）（多姆山省）、聖盧西亞（洛澤爾省）、Puy-les-Vignes（上維埃納省）、阿萊格爾（塔恩省）、勒弗（阿韋龍省）、Montbelleux 和 la Villeder（布列塔尼省）等。
詞源	白鎢礦 Schéelite 最早被瑞典化學家 Karl Wilhelm Scheele（1742~1786）發現，以其名字命名。
鎢礦	白鎢礦是主要的鎢礦，法國的阿韋龍省、比利牛斯山脈等地有重要的鎢礦資源。然而這些礦在 1998 年被關閉。由於鎢礦的價格在持續上漲，某些礦仍在生產，鎢礦工業沒有完全瓦解，並且希望這種美麗的晶體將成為豐富遺產的見證。

暗鎳蛇紋石
（Kanala, 喀新里多尼亞）

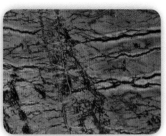

利蛇紋石（托斯卡納，意大利）

產於格里松地區
的蛇紋石盤子
（Chiavelle，瑞士）

蛇紋石

蛇紋石罐子
（19世紀，中國）

葉蛇紋石（產地未知）

蛇紋石

種類：葉蛇紋石、暗鎳橄欖石、利蛇紋石、纖蛇紋石

類別9E：矽酸鹽，頁矽酸鹽

分子式：
$(Mg，Fe，Ni)_3 Si_2O_5(OH)_4$（鎂、鐵和鎳的化合物）

比重：2.5-2.6

硬度：2.5

顏色、透明度 光澤度	蘋果綠（暗鎳礦石）至暗綠色甚至黑色、藍綠色（利蛇紋石）、黃棕色、米黃色、灰白色、極少無色（利蛇紋石）；透明至半透明；玻璃或絲絹光澤。
晶形、晶系	塊狀、細粒狀、纖維狀；三斜晶系（利蛇紋石）、單斜晶系（葉蛇紋石，貴橄欖石）。
解理、斷口	完全解理 {001}，梯狀斷口。
產地	蛇紋石通過區域性變質作用形成，或者與橄欖岩接觸形成（纖蛇紋石，葉蛇紋石）以及鎂矽酸鹽在溫度低於75℃時變質形成（利蛇紋石）。蛇紋石在世界各地都有分佈，而以意大利和 Queyras 的號稱"綠色大理石"的蛇紋石最為著名，出產該種蛇紋石的還有法國上阿爾卑斯省的聖韋朗。"暗鎳蛇紋石"是由滑石和含鎳蛇紋石組成的岩石：這是一種富含（新喀裏多尼亞島）鎳的礦物。
詞源	蛇紋石serpentine來源於拉丁語serpenlinus，意為"蛇形的石頭"。
"綠色的 大理石"	蛇紋石被採礦工人稱為"綠色的大理石"，由葉蛇紋石、纖蛇紋石和蛇紋石三種主要類型以不同比例混合形成（在方解石礦脈中）。蛇紋石被用於裝飾墳墓（尤其是拿破侖一世在巴黎榮軍院的基地）以及許多奢侈品商店的玻璃櫥窗。

變質菱鐵礦（阿勒瓦爾，伊澤爾省）（（Allevard, Isère）

菱鐵礦（塞羅－德帕斯科，秘魯）

菱鐵礦和石英
（阿勒瓦爾，
伊澤爾省）

菱鐵礦（阿勒瓦爾，伊澤爾省）

菱鐵礦

類別5：碳酸鹽，硝酸鹽

分子式：$FeCO_3$（碳酸亞鐵）

比重：3.96

硬度：3.5

顏色、透明度光澤度	黃色至棕色、黃綠色、灰色；透明至半透明；玻璃光澤。
晶形、晶系	塊狀、顆粒狀、晶體呈菱面體、玫瑰狀；三方晶系。
解理、斷口	極完全解理。梯狀斷口，性脆。
產地	菱鐵礦形成於沉積岩中，也存在於熱液礦和變質。典型產地：葡萄牙（Biera Baixa）、德國（Sieger-land、諾伊多夫）、英國（康沃爾）、巴西（米納斯吉拉斯新利馬）、加拿大（Mont St. Hi-laire）、中國（瑤崗仙）。法國：產於阿勒瓦爾、拉米爾、聖皮耶爾德梅薩格（伊澤爾省）的菱鐵礦最著名；Peyrebrune（塔恩省）、聖瑪麗歐米訥（阿爾薩斯省）、Marsanges（盧瓦爾河省）、薩爾西尼（奧德省）、Montbelleu（伊勒—維萊訥省）和 Bosc（埃羅省）等。
詞源	菱鐵礦 sidérite 源於希臘語 sideros，意為"鐵的"。
一種"露天"礦物	菱鐵礦總是與其他碳酸鹽，如方解石、菱鎂礦、菱錳礦和菱鋅礦同時形成。有時候很難區分兩種相似的碳酸鹽礦。經過地質蝕變後，菱鐵礦常常形成氧化鐵假晶。

菱鋅礦
（謝爾西，羅納省）

兩塊菱鋅礦寶石

菱鋅礦雙鐘乳石
（Lavrio, 希臘）

菱鋅礦（Kelly, 美國）

菱鋅礦（突尼斯）

菱鋅礦

類別5：碳酸鹽和硝酸鹽

分子式：$ZnCO_3$（碳酸鋅）

比重：4.4-4.5

硬度：4.5

顏色、透明度 光澤度	灰白色、灰色、綠色、藍色、黃色；透明至半透明；玻璃光澤。
晶形、晶系	塊狀、土質地、球狀、結硬殼、結核狀和鐘乳石狀；晶體呈菱面體；三方晶系。
解理、斷口	菱面體極完全解理，梯狀斷口；性脆。
產地	菱鋅礦產於鋅脈礦氧化帶區域。主要產地：拉夫里翁（希臘）、楚梅布（納米比亞）、布羅肯希爾（澳大利亞）、Moresnet（比利時）、Carron（愛爾蘭）、伊格萊西亞斯（撒丁島）、凱利—馬格達萊納（美國）、Santa-Eulalia、杜蘭戈馬皮米、西那羅阿喬伊什（墨西哥）。法國最著名的產地位於謝爾西（隆河省）、梅赫倫（加爾省）、勒布萊馬爾（洛澤爾省）、拉米爾（伊澤爾省）、Orpierre（上阿爾卑斯省）。
詞源 同義詞	菱鋅礦smithsonite源於英國化學家James Smithson（1765~1829）。同義詞"calamine"、"hémimorphite"，意為"異極礦"。
一種極美 的礦石	菱鋅礦長期被用於提取鋅。此礦石常呈乳頭狀凸起，晶體罕見。直到楚梅布的菱鋅礦開始出產一些美麗的菱鋅礦晶體，其中一些晶體被保存了下來。"calamine"和"hémimorphite"二詞也用於指菱鋅礦。

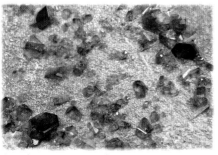

楬石（Caprlinha，巴西）

經過琢磨的楬石
（17.8克拉，馬達加斯加）

雙晶體楬石
（Dusso，巴基斯坦）

楬石（蒂羅爾州，奧地利）

楬石

≡≡≡ 類別9A：矽酸鹽和島狀矽酸鹽

🧪 分子式：$CaTiSiO_5$（鈣鈦矽酸鹽）

🔺 比重：3.5-3.6

▰▰ 硬度：5-5.5

顏色、透明度光澤度	紅棕色、灰色、黃色、綠色或紅色；透明至半透明；金剛光澤。
晶形、晶系	塊狀、晶體粗短、棱柱狀；單斜晶系。
解理、斷口	明顯解理 {110}，貝殼狀斷口。
產地	楬石產於花崗岩、偉晶岩石和片麻岩礦帶（以及它們的衝擊層），例如瑞士（聖戈塔爾）、奧地利、意大利維蘇威火山、馬達加斯加、巴西、巴基斯坦、安大略省等。法國產地：聖納博（下萊茵省）、奧弗涅火山（康塔爾省、多姆山省、上盧瓦爾省）、Costabonne、Salau 和 Aure（比利牛斯山省）、沙莫尼蒙勃朗、Lauzière（薩瓦省），Oisans（伊澤爾省）等。
詞源	根據它的構成，楬石 Sphène 來源於希臘語 spheno，意為 "硬幣"（參照晶體的形狀）。
Titanite 或者 Sphène（楬石的兩種命名）？	1982 年，礦物工業協會 (IMA) 取消了以法語詞 "Sphène" 作為這類礦石的名稱，"Sphène" 這個名字是由楬石的發現者 René-Just Hauy 起的。然而這個名字至今仍被使用，尤其是寶石家們，他們認為楬石的散光能力比鑽石更強。某些楬石 Sphène 是 "蛻晶質的"，它們的原子結構被自身所含有的同位素，尤其是釷（第90號元素）放射而破壞。

瓜德羅普島
硫磺礦火山磺

硫晶體
（阿格里真托，西西里島）

硫紀念章
（19世紀）

石炭紀硫（亞琛，德國）

硫（阿格里真托，西西里島）

硫

 類別1：元素

分子式：S_8（硫，由8硫原子形成）

比重：2-2.1

硬度：1.5-2.5

顏色、透明度光澤度	黃色至橙色、紅色、綠色；透明至半透明；樹脂光澤。
晶形、晶系	塊狀、腎狀、土質地、粗晶體或樹狀晶；斜方晶系。
解理、斷口	無解理。梯狀斷口，性脆。
產地	硫形成於火山噴發和細菌還原作用的沉積物中。重要的產地：意大利（西西里、Particare）、波蘭（馬胡夫）、玻利維亞、墨西哥、密歇根、烏克蘭和俄羅斯。法國產地：瓜德羅普島（Guadeloupe）硫磺礦、培雷火山（Montagne Pelée）〔馬提尼克島（Martinique）〕、富爾奈斯火山（Pitonde la Fournaise）〔留尼汪島（Réunion）〕、馬林（加爾省）、加普加隆（瓦爾省）、聖艾蒂安、阿萊斯、德卡茲維爾（SaintÉtienne, Alès，Decazeville）的廢石堆中。
詞源	硫 soufre 來源於梵文 "sulvere"。
意大利的特產？	長久以來，這種晶體只產於西西里島的阿格里真托拉卡爾穆托、以及意大利的其他地區，包括馬薩-卡拉拉、艾利利亞－羅馬涅、維蘇威火山等地。不久前才在波蘭、玻利維亞、墨西哥、密歇根、烏克蘭和俄羅斯發現了一些精美的採樣。世界最大的硫礦床位於波城附近的拉克地區，但該地的硫呈氣態，目前無法開採硫的礦石樣本。

經過琢磨的閃鋅礦寶石（歐羅巴山，西班牙）

閃鋅礦雙晶體（Trepĕa，科索沃）

刻面閃鋅礦寶石（34克拉）

經過解理的實心閃鋅礦（迪福爾，加爾省）

石英上的閃鋅礦（塞羅－德帕斯科，秘魯）

閃鋅礦

≡≡ 類別2：元素

◫ 分子式：（Zn.Fe）S（硫化鋅，硫化鐵）

▲ 比重：2-2.1

▰ 硬度：1.5-2.5

顏色、透明度光澤度	橙色至棕色、紅色至黑色、暗綠色、無色；透明至半透明；由金剛光澤至半金屬光澤。
晶形、晶系	塊狀、顆粒狀、大表面、膠質狀、通常呈四方體晶體；立方晶系。
解理、斷口	十二面體的6個方向完全解理，梯狀斷口。
產地	閃鋅礦產於在含鋅熱液礦中和沉積物蒸發。主要產地：喬普林（密蘇里州）、歐羅巴山（西班牙）、Casapalca 和萬卡韋利卡（秘魯）、聖埃烏拉利亞和 Naica Trepia（墨西哥）、Trepča（科索沃）、Alston Moor（英格蘭）、弗賴貝格和 Neudorf（德國）、朗根巴赫（瑞士）、達利涅戈爾斯克（俄羅斯）。法國產地：拉米爾（la Mure）（伊澤爾省）、Malines、Trêves 和 Pallières（加爾省）、聖瑪麗歐米訥（Sainte-Marie-aux-Mines）和 Stein-bach（阿爾薩斯省）、朗雅克和莫尼斯特雷爾（上盧瓦爾省）、勒布萊馬爾和（Sainte-Lucie 洛澤爾省）、Costabonne 和 Salau（比利牛斯省）、Les Porres（瓦爾省）等。
詞源同義詞	閃鋅礦 sphalérite 來源於希臘語 sphaleros，意為"迷惑人的"，同義詞"Blende"。
鋅，也是銦	閃鋅礦是主要的鋅礦。但如果它包含銦，它的價值就會顯著上升。聖薩爾維期長是世界銦礦產地。閃鋅礦是一種沒有金屬光澤的硫化物，經過琢磨後，它的金剛光澤比鑽石更閃耀。

尖晶石寶石（越南）

經過琢磨的
不同顏色的
尖晶石寶石
（斯里蘭卡）

來自 St.Denis 磨面
的尖晶石珍寶
（45克拉，阿富汗）

尖晶石（安齊拉貝，
馬達加斯加）

普通尖晶石（產地不明）

尖晶石

類別4：氧化物和氫氧化物

分子式：AB_2O_4 +AB =$MgAl$（尖晶石）；Fe_2+Fe_3+（鉻鐵礦）；Fe_2+Cr（磁鐵礦）

比重：3.6-3.7（尖晶石）；4.5-5.1（鉻鐵礦）；5.1-5.2（磁鐵礦）

硬度：5.5（尖晶石）；5.6-6（鉻鐵礦）；8（磁鐵礦）

顏色、透明度光澤度	無色、紅色、橙色、藍色、綠色、褐色（尖晶石）；暗灰色至黑褐色（磁鐵礦和鉻鐵礦）；不透明；玻璃光澤。
晶形、晶系	塊狀、顆粒狀、多呈八面晶體、極少呈十二面體和立方體；立方晶系。
解理、斷口	無解理，貝殼狀斷口。
產地	尖晶石生成於鹼性火成岩，變質岩以及細菌和隕石中。主要產地：奧地利、瑞典、莫桑比克、加拿大、南非、俄羅斯、玻利維亞。尖晶石寶石主要來自斯里蘭卡、阿富汗、緬甸、馬達加斯加和斯坦尼亞。在法國，諾曼底礦床主要出產磁鐵礦，典型產地有瓦爾省加桑（Gassin）的鉻鐵礦區，以及盧瓦爾省沖積礦床中某些包含尖晶石的玄武岩。

雲母片岩上的磁鐵礦（Vallée de Binn，瑞士）

坡縷石和磷灰石磁鐵礦（薩爾茨堡，奧地利）

鉻鐵礦（新喀里多尼亞）

磁鐵礦（Vallée de Binn，瑞士）

詞源	尖晶石 Spineles 來源於拉丁文刺 spina、épine（由於這種晶體有尖頭）。來源於其具有磁性，成分富含鉻這些特性。英文名是"Spinel"。
尖晶石品種	（a）鋁尖晶石：鎂尖晶石（鋁鎂）、鐵鋁尖晶石（鋁鐵）、鋅尖晶石（鋁鋅） （b）含鐵尖晶石：磁鐵礦（鐵）、鋅鐵尖晶石（鐵錳）等 （c）含鉻尖晶石：鉻鐵礦等 亞鐵尖晶石是一種介於尖晶石和鐵尖晶石之間的中間礦物。硫複鐵礦具有硫化鐵尖晶石結構，富含大量硫化物磁鐵礦。這種礦物常常由生物生成，例如在科西嘉的馬特拉（Matra）。磁鐵礦由於具有磁性，它被用於推測火山熔岩的年代。當火山熔岩流出時，磁鐵礦結晶的岩漿沿地球磁場的方向分佈，因此人們能夠據此記錄地球的磁場，因此可以間接地推測火山熔岩的年代。鉻鐵礦是鉻的主要來源。尖晶石因其具有高硬度和豐富的顏色在寶石學中被廣泛使用。此外，紅寶石和尖晶石早已難以區分，後者被稱為"紅寶石掃帚"。法國王冠上的大塊紅寶石（例如"海岸布列塔尼"），實際上是阿富汗的尖晶石。最後，"納米磁鐵礦"是指納米尺寸以下的磁鐵礦微晶，它們具有不尋常的性能和用途：例如幫助鴿子確定方向，人類體內大腦和心臟也具有此物質。
從礦物到生命	尖晶石礦物對於理解地球和宇宙礦物學具有重要作用。尖晶石和鎂矽鈣鈦礦以及橄欖石也是地幔的重要組成部分。另外，在高壓和高溫作用下，橄欖石能轉化成有尖晶石結構的礦物——尖晶橄欖石，儘管它的組合物與橄欖石相同，但它卻不是一種矽酸鹽，因為矽形成了 SiO_6^{8-}。如同尖晶石裏的矽。

60度交叉
十字石雙晶
（科賴，菲尼
斯太爾省）

90度豎直交叉的十字石雙晶
（科賴，菲尼斯太爾省）

十字石
（Windham，美國）

十字石（格魯
吉亞，美國）

十字石

≣≣≣ 類別5：矽酸鹽，島狀矽酸鹽

🧪 分子式：$(Fe,Mg)_2Al_9(SiAl)_4O_{20}(O,OH)_4$
（羥基矽酸鐵鋁）

🔺 比重：3.6-3.8

◣◣ 硬度：7-7.5

顏色、透明度光澤度	棕紅色至棕色、黑色、灰色；透明至半透明；樹脂光澤。
晶形、晶系	塊狀、板狀和棱柱狀結晶、常見貫穿雙晶；單斜晶系。
解理、斷口	完全解理{010}，貝殼狀斷口。
產地	十字石產於含明礬變質岩中。主要產地：瑞士（Pizzo Forno）、俄羅斯（科拉）、澳大利亞、巴西（或寶石）、美國康涅狄格州、緬因州、但尤其是在布列塔尼地區（Coadry、科賴、斯卡埃爾、博鎮）。十字石也存在於科洛布里耶爾（Collobrières）（瓦爾省）和其他很多含明礬的變質岩中。
詞源同義詞	十字石 Staurolite 來源於希臘語 stauros 和 lithos，意為"十字形石頭"。同義詞 "Staurotide"、"croisette"、"Coadiy"。
一種奇特的十字	十字石通常呈交叉的雙晶，或60度交叉，或90度垂直交叉。俄羅斯有由三塊十字石個體構成的呈六角星形的十字石雙晶，但這類十字石極為罕見。具有雙晶結構的十字石被視為"神石"，被賦予各種美德。十字石也有棱柱形的，新生而幾乎未經變質，常產於巴西，這類十字石可被切割雕琢。

輝銻礦（Mine du Dahu，上盧瓦爾省）

輝銻礦（Lubihac，上盧瓦爾省）

輝銻礦（巴亞斯普列，羅馬尼亞）

輝銻礦

≡≡≡ 類別2：硫化物和礦鹽

🧪 分子式：Sb_2S_3（硫化銻）

🔺 比重：4.63

▄▄ 硬度：2

輝銻礦（錫礦山，中國）

顏色、透明度光澤度	亮淺灰色至黑色；不透明的；金屬光澤。
晶形、晶系	實心、細粒狀、解理明顯，晶體呈蓮座葉叢狀、玫瑰花結狀、稜柱狀；斜方晶系。
解理、斷口	極完全解理{010}，貝殼狀斷口。
產地	輝銻礦產於低溫熱液礦床中。主要產地：日本（Ichinokawa）、羅馬尼亞（Cavnic、klsôbânya）。玻利維亞（奧魯羅）、中國湖南省冷水江市、捷克共和國（普日布拉姆）、德國（沃爾夫斯貝格和阿恩斯貝格）。法國：美麗的水晶已經在許多礦山中被發掘，礦區位於馬西亞克（Massiac）和布里尤德（Brioude）之間〔康塔省（Cantal）和上盧瓦爾省〕、坎佩爾〔菲尼斯太爾省（Finistère）〕、La Lucette〔馬延省（Mayenne）〕、弗拉維亞克〔阿爾代什省（Ardèche）〕和科西嘉島等地區。
詞源	輝銻礦Stibine來自希臘文stimmi、antimoine。英文是"Stibnite"，含義為"銻"。
銻礦	輝銻這種美麗的礦物由於容易解理而脆弱易碎，它是主要的含銻礦物。在20世紀初，法國的輝銻礦出產量位居世界第一，現已被中國所取代。目前市場上法國銻礦的樣品極少，大多數為中國的銻礦樣品。公元前3000年，富有的美索不達米亞人已經開始將輝銻礦的化合物用作黑色眼影。

褐色塊滑石盤子
（19世紀，爪哇，印度）

經過雕刻滑石
（於17世紀，中國）

微笑的相撲滑石雕像
（18世紀，日本）

滑石（切斯特，
賓夕法尼亞州）

滑石（魯茲那克，阿里埃日省）

滑石

類別9E：矽酸鹽，頁矽酸鹽

分子式：$Mg_3si_4O_{10}(OH)_2$
（鎂質矽酸鹽礦物）

比重：2.7

硬度：1

塊滑石
（威康士，挪威）

顏色、透明度光澤度	淡綠色、灰白；透明至半透明；珍珠光澤或珍珠玻璃光澤。
晶形、晶系	實心、顆粒狀、有的有大解理面。晶體柔韌。單斜晶系。
解理、斷口	完全解理{0001}。似貝殼狀斷口，可切割。
產地	滑石出產於富含輝石、橄欖石和閃石的熱液蝕變岩。世界上最大的滑石礦區是魯茲那克（阿裏埃日省）礦區，但世界上其他地區也有滑石礦區，如德國文西德爾縣、奧地利齊勒河谷、意大利布羅索、挪威的Snarum、芬蘭、西班牙的Fuentes de Respina、美國的切斯特和Talcville、巴西馬裏亞納群島、埃及的Hafafit、印度和中國。而中國現已成為了主要的滑石出產國。在法國，除了魯茲那克礦區之外，上盧瓦爾省（Brioude附近、拉斯迪、拉武特希亞克）、比利牛斯山（Costabonne et Caillau）、阿韋龍省（La Cau）、凱拉（上阿爾卑斯省）和薩瓦省（魯西榮高地）也出產滑石。
詞源	滑石Talc來源於阿拉伯語的talq。有塊滑石、皂石、滑石綠泥石、滑石等。
雕刻家的寵兒	滑石晶體很稀少，這使得阿裏埃日省的魯茲那克滑石礦區變得非常出名。滑石有多種形成方式，包括二氧化碳在蛇紋石上起反應而形成。塊滑石和滑石綠泥石的主要成分都是滑石，從古代起，滑石就已被雕刻家們所使用。

蜜蠟石（匈牙利）

水草酸鈣石（德累斯頓，德國）

中世紀下水道鳥糞石（漢堡聖尼古拉教堂，德國）

馬內臟的結石（鳥糞石）（斯坦福，美國）

水垢，結石

種類：水草酸鈣石，鳥糞石（＋方解石，磷灰石）

▤ **類別10**：有機礦物質

⚗ 水草酸鈣石：$Ca(C_2O_4) \cdot H_2O$（草酸鈣單水合物）
鳥糞石：$MgNH_4PO_4 \cdot 6H_2O$（磷酸鎂水合物和氨酯水合物）

🔺 **比重**：2.5-3（水草酸鈣石）

◣ **硬度**：1.5-2

顏色、透明度光澤度	無色至白色，淡黃色。透明至半透明；珍珠玻璃光澤。
晶形、晶系	實心、顆粒狀、泥土狀，有的晶體很透明。單斜晶系。
解理、斷口	完全解理 {101}，{010} 和 {110}。貝殼狀斷口。
產地	水草酸鈣石在富含有甲烷的沉積或熱液礦床中能形成瑰麗的晶體，比如在捷克共和國、德國、俄羅斯、羅馬尼亞和澳大利亞。在法國，阿爾薩斯省的於尔貝和德龍省的孔多塞出產水草酸鈣石，聯合群島則以出產鳥糞石而聞名。
詞源	水草酸鈣石 whewellite 來源於阿拉伯語的 tartar，由英國礦物學家 William Whewell（1794~1866）編寫。
令人頭痛的生物礦物	管道的水垢是在細菌作用下，由方解石沉澱形成的（也有文石沉澱形成的，但較為罕見），就像鐘乳石的形成一樣。牙垢是礦化的斑痕，由含有細菌的軟片經磷酸鈉和磷酸鈣加固形成（參閱磷灰石說明）。腎結石是由水草酸鈣石構成的，由鳥糞石構成的腎結石則較為罕見。這些礦物會在一些洞穴中同時出現。

黝銅礦和菱錳礦（萬卡韋利卡，秘魯）

砷黝銅礦（波旁
家族的收藏品）

黝銅礦
（Pranal，多姆山省）

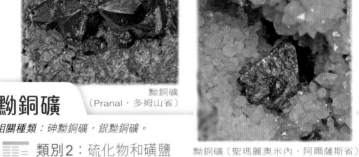

黝銅礦（聖瑪麗奧米內，阿爾薩斯省）

黝銅礦

相關種類：砷黝銅礦，銀黝銅礦。

類別2：硫化物和磺鹽

分子式：$(Cu,Fe)_{12}Sb_4S_{13}$（銅硫銻化物和鐵硫銻化物）

比重：5

硬度：3-4.5

顏色、透明度光澤度	鋼灰色。不透明；金屬光澤。
晶形、晶系	實心、顆粒狀、經常為四面體晶體。立方晶系。
解理、斷口	無解理。貝殼狀和梯狀斷口。
產地	黝銅礦產於熱液層和變質層，著名產地有：德國（布爾巴赫，克勞斯塔爾，弗賴貝格），羅馬尼亞（Kapnic），美國（賓厄姆），秘魯（莫羅科查、基魯維爾卡和Casapalca），玻利維亞（奧魯羅）和墨西哥（薩卡特卡斯）。在法國，其著名礦床位於孚日山脈高地〔聖瑪麗奧米內、弗拉蒙、日羅馬尼、勒瓦勒達若勒（Sainte-Marie-aux-Mines，Framont，Giromagny，Val d'Ajol）〕，伊澤爾省（Isère）（La Taillat，拉米爾，阿勒瓦爾），多姆山省（Pranal，蓬特吉博）上盧瓦爾（Marsanges，拉龍德），瓦爾省〔加爾河海角（Cap Garonne），Fonsante〕，在南方（Loiras，埃羅的卡布雷爾村和梅赫倫），尤其是在伊拉贊（阿里埃日省）保存了大量高於20厘米的晶體。
詞源	黝銅礦 Tétraédrites 來源於它的晶體形狀的比喻。英語是"Tetrahedrite"。
一種豐富的礦物質	黝銅礦與罕見的砷黝銅礦（$Cu_{12}As_4S_{13}$）、極其罕見的銀黝銅礦（$Ag,Cu,Fe)_{12}(Sb,As)_4S_{13}$ 構成了一個系列。因此，大量的黝銅礦是含銀的，以及用來製銀。黝銅礦晶體是黝銅礦的原型。因此，受到收藏家的喜愛。

帝王黃玉（歐魯普雷圖，巴西）：晶體和寶石（28克拉，法國王冠珍寶）

經鑲嵌雕刻的紅黃玉（5克拉，歐魯普雷圖，巴西）

藍黃玉（維爾任－達拉帕，巴西）

黃玉（墨西哥）

黃玉（米納斯吉拉斯，巴西）

黃玉

類別9A：矽酸鹽，島狀矽酸鹽

分子式：Al$_2$SiO$_4$(F,OH)$_2$（鋁的羥基氟矽酸鹽）

比重：3.5到3.6

硬度：8

顏色、透明度光澤度	無色、白色、藍色、褐色、橙色、灰色、黃色、綠色，玫瑰色或粉色。透明至半透明；玻璃光澤。
晶形、晶系	實心、密集狀或柱形、棱柱形條紋晶體。斜方晶系。
解理、斷口	完全解理 {001}。貝殼狀梯狀斷口。
礦層	黃玉出產於偉晶岩層（在流紋岩層更少見）和衝擊層。著名的礦區位於巴西（出產無色黃玉、藍黃玉、紅黃玉和帝皇玉），烏拉爾河、斯里蘭卡、阿富汗、Stan、緬甸、美國、德國等。在法國，弗拉蒙 Hautain〔(Framont)，上萊茵省〕，埃沙西埃〔阿利埃省〕，Montbelleux（伊爾—維蘭省）(Ille-et-Vilaine)，La Villeder〔莫爾比昂省（Morbihan）〕，Môntebras〔克勒茲省（Creuse）〕，Chabannes，Chante-loube（上維埃納省）等地出產黃玉。
詞源	黃玉 topaze 來源於希臘語 Topâzios，聖約翰島（埃及）以前的名字。英語名稱是 "Topaz"。
長久的混淆	黃玉與黃色橄欖石，"纖蛇紋石" 相混淆了很久。這也就是為什麼它的名字來源於聖約翰島這個曾經的紅海橄欖石礦床。藍黃玉可能與海藍寶石（參閱綠玉說明）相混淆。關於這種黃玉，有顏色的、重達幾千克的大晶體並不少見。

假十二面體的黑
電氣石（巴西）

紅電氣石晶體
（馬達加斯加）

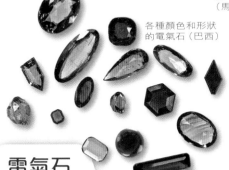

各種顏色和形狀
的電氣石（巴西）

三色棱柱形
電氣石（馬
達加斯加）

電氣石

種類：黑電氣石，鋰電氣石，鈣鋰電氣石，鎂電氣石，鈣鎂電氣石等。

類別9C：矽酸鹽，環狀矽酸鹽

分子式：

$(Ca,K,Na)(Al,Fe,Li,Mg,Mn)_3(Al,Cr,Fe,V)_6(BO_3)_3(Si,Al,B)_6O_{18}(OH,F)_4$
（水氟鋁-硼矽酸鹽，鹼性的，鹼性土質，鋁，鐵，鋰，鎂和錳）

比重：2.8-3.3

硬度：7-7.5

顏色、透明度光澤度	褐黑色、紫色、綠色、玫瑰色，藍色。透明至半透明；玻璃光澤。
晶形、晶系	實心、顆粒狀。長形條紋晶體，有時候有放射性。三方晶系。
解理、斷口	解理不清晰。貝殼狀、梯狀斷口，性脆。
產地	電氣石產於偉晶岩和沖積層，如巴西（拉斯礦山，帕拉伊巴）、馬達加斯加、莫桑比克、尼日利亞、坦桑尼亞、肯尼亞、納米比亞、斯里蘭卡、巴基斯坦、阿富汗、中國、意大利，以及加利福尼亞、緬因、烏拉爾河、西伯利亞等地區的偉晶岩層和衝擊層。在法國，鋰電氣石產於Montebras〔克勒茲省（Creuse）〕，昂巴扎克（Ambazac）〔上維埃納省（Haute-Vienne）〕，奧爾沃〔大西洋岸盧瓦爾省（Loire-Atlantique）〕。黑電氣石在瑟溫（孚日省），農特龍（多爾多涅省），上盧瓦爾省的深熔，多姆山省，阿摩爾濱海省和菲尼斯太爾的偉晶岩。同樣，也位於Costabonne，魯茲那克（比利牛斯山脈），蒙特雷東（塔爾納省），加龍河海峽（瓦爾省）等。

紅電氣石晶體
（帕拉，加利福尼亞州）

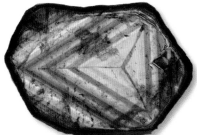

鈣鋰電氣石（馬達加斯加）

藍電氣石（Paprok,
Kamdesh，阿富汗）

用紅電氣石（加利福尼亞）
和帝皇玉珍珠雕刻的墜飾
（20世紀初，中國）

種類	電氣石（或更確切是電氣石類的）的原子結構很複雜，而且還有大量的細節不清楚。一些礦物學家稱電氣石為"垃圾礦物質"，因為它包含大量的鉛元素。電氣石可以根據其成份分為： • 無鋰電氣石：黑電氣石、鈣鎂電氣石、鎂電氣石、鐵電氣石、布格電氣石等。 • 含鋰電氣石：鋰電氣石（納極）、鈣鋰電氣石（鈣極）。 這兩化學極間存在大量的中間物，在最常見的情況下，黑電氣石能形成一些大的黑色發亮晶體。在一些情況下，黑電氣石晶體看起來與石榴石晶體相像。 鋰電氣石很受歡迎，其可以形成大寶石晶體，但是其晶體棱柱經常是重新黏成的。紅電氣石是一種真正的紅色鋰電氣石。如果藍電氣石是藍色鋰電氣石的一個品種，那麼其附屬品種名為"帕拉依巴碧璽"就是強電流的新品（其價格非常高）。在伊塔蒂艾亞（巴西），人們發現了深紅色的鋰電氣石。鈣鋰電氣石主要被發現於馬達加斯加（靠近貝塔富，Sahatany等）。根據棱柱和截面，進行晶體的劃分。這些晶體劃分的第一階段是由 Alfred Lacroix 在巴黎國家自然博物館進行。他大致上觀察了這些未受到破壞的罕見晶體。
詞源	電氣石 tourmaline 來源於僧伽羅語 thuramali，意為"寶石"。
最受歡迎的寵兒之一	從18世紀開始，彩色的電氣石就廣泛被人喜愛。當時紅色或藍色品種（源於烏拉爾河或是巴西）是聞所未聞的奢侈品種。1802年，存放於巴黎博物館的巴西藍電氣寶石被出售，與當時中歐最漂亮的礦物收藏品等價！

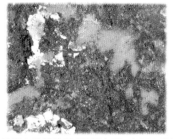

流紋岩上的綠松石（勒蒙多爾，多姆山省）

綠松石和黃鐵礦
（亞利桑那）

藍綠色綠松石護身符
（印度藝術，美國新墨西哥州）

裝飾有綠松石和黃金做的珠寶
（中國西藏，20世紀）

綠松石

綠松石
（Montebras，克勒茲河）

≣≣ 類別8：磷酸鹽

🧪 分子式：$CuAl_6(PO_4)_4(OH)_8 \cdot 4H_2O$

🔺 比重：3.5-3.6

◣ 硬度：5-7

顏色、透明度光澤度	水綠色，藍綠色至天藍色，透明至半透明；樹脂透明光澤。
晶形、晶系	實心、結狀、三斜晶系。
解理、斷口	無解理，貝殼狀斷口。
產地	綠松石產於熱液或中生代礦床，由富含銅和鋁的岩石氧化形成，最易見於沙漠氣候地區。主要產地有伊朗（沙赫爾巴巴克、馬什哈德、內沙布爾）、埃及（Wadi Ma-ghara、西奈）、中國（新疆、西藏）、墨西哥（索諾拉州）、亞利桑那州、新墨西哥州、薩克森、阿根廷、智利、澳大利亞、哈薩克斯坦（Kar-karalinsk）、利斯卡德（英格蘭）、比利時（Ottré、維爾薩姆）。在法國、人們在Montebras（克勒茲省）、Échas-Sieres附近（Montmins，le Mazet，波伏瓦等）、Fumade（塔恩省）和謝爾西（羅納省）也能找到它。
詞源	綠松石turquerie名字來源於古法語，意為"來自東方的"。
綠松石，是藍色還是綠色？	"藍色的綠松石"其實是水綠色的，但也存在天藍色的綠松石。綠松石常常與矽孔雀石相混淆（參閱說明）。人們以為綠松石是"非晶形的"，但其實它屬於三斜晶系。早在古代，人們（埃及、古波斯、中國、中美洲）就已開始探究綠松石。如今，有些綠松石被人以膠水和顏料進行非法加工，甚至有些綠松石是用綠松石和矽孔雀石的粉末重新組成的。

1815年由奧地利國王
贈給阿維的瀝青鈾礦
（波西米亞）

瀝青鈾礦（科林斯
希爾，康涅狄格州）

瀝青鈾礦

種類：*瀝青鈾礦——所屬種類：方針石*

≡≡ 類別4：氧化物和氫氧化物

🧪 分子式：UO_2

△ 比重：10.6-10.95

◣ 硬度：5-6

方針石
（馬達加斯加）

顏色、透明度 光澤度	黑色至深褐色至淡灰綠。不透明，半金屬光澤，沉濁的，泥污的。
晶形、晶系	實心（瀝青鈾礦），粒狀的，葡萄狀的，幾乎沒有晶狀的（瀝青鈾礦），立方晶系。
解理、斷口	不清晰解理，梯狀貝殼狀斷口。
產地	瀝青鈾礦存在於熱液礦床和有機沉積物（生物）裏。最美麗的結晶來自上斯拉夫科夫和雅克摩夫（捷克共和國），施內貝格，Wol-sendorf和黑根多夫（德國），Sierra Al-barrana（西班牙），塞圖巴爾（葡萄牙），新罕布什爾州（美國），Shinkolobwe 和 Kalongwe（剛果）。在法國，美麗的樣本發現於普呂尼（Prugne）〔阿列（Allier）〕，在拉紹（Lachaux），沙梅昂（Chaméane）（多姆山省），蒙貝勒〔伊勒—維萊訥省（Ille-et-Vilaine）〕，阿利尼（莫旺），Margnac，le Brugeaud，拉克魯齊爾（上維埃納省），la Commanderie（德塞夫勒省），布瓦比諾（盧瓦爾河），等等。
詞源	瀝青鈾礦因其含有豐富的鈾礦而得名。
鈾礦	瀝青鈾礦或瀝青鈾礦塊狀是主要的鈾礦。它必須用阻隔放射性氣體氡，以密封盒儲存。很少有人知道細菌可產生瀝青鈾礦。方針石（THO_2）更危險，因為它的輻射可以穿透塑料盒，只有厚鉛磚能阻隔其放射性。

釩鉛礦（布萊格博，奧地利）

綠鉛礦（奇瓦瓦州，墨西哥）

釩鉛礦
（塔烏斯，
摩洛哥）

釩鉛礦（凱班馬登，土耳其）

釩鉛礦

所屬種類：綠鉛礦，（砷釩鉛礦）

類別8：磷酸鹽

分子式：$Pb_5(VO_4)_3Cl$

比重：6.8-7.1

硬度：3-4

顏色、透明度光澤度	紅色至橘色至棕色、黃色，灰色或無色；透明至半透明。樹脂或釉質光澤。
晶形、晶系	球型罕見，纖維狀，粗短棱柱狀結晶，六方晶系。
解理、斷口	無解理，貝殼狀梯狀斷口。
產地	釩鉛礦多存在於長期處於沙漠氣候中的鉛礦床蝕變帶。主要出產於摩洛哥（米葡拉丁，塔烏斯，Touissit），其他地方，如澳大利亞、土耳其、烏拉爾、南非、納米比亞、墨西哥和美國（亞利桑那州）也少量存在。位於法國的產地有：法爾日（Farges）〔科雷茲省（Corrèze）〕，L'Hermie（阿韋龍省），Montmins（阿列），Fumade（塔恩省），勒瓦勒達若勒（孚日省）。
詞源	釩鉛礦 vanadinite 得名於它的組合物富含釩。
摩洛哥"絕頂的東西"	這種優秀的礦物樣本在摩洛哥相繼生產了數十年。它屬於磷灰石類（參閱說明）。此外，釩鉛礦與磷氯鉛礦也形成部分系列（參閱說明）。砷釩鉛礦屬於砷類，多出現在楚梅布（納米比亞）和薩卡特卡斯（墨西哥）。它是釩鉛礦和綠鉛礦〔$Pb_5(ASO_4)_3Cl$〕的中間狀態。釩鉛礦因其含有釩而被用來硬化鋼。

毛蛭石層

脱落蛭石

蛭石（切斯特，賓夕法尼亞州）

蛭石

≡≡≡ **類別9E**：矽酸鹽，頁矽酸鹽

⚗ **分子式**：$(Mg,Fe,Al)_3(Al,Si)_4O_{10}(OH)_2 \cdot 4H_2O$

🔺 **比重**：2.2-2.6

📉 **硬度**：1.5-2

顏色、透明度光澤度	無色、白色、黃色、綠色，棕色；透明至半透明，玻璃光澤。
晶形、晶系	實心，泥污的，團塊狀，幾乎沒有六邊形晶體，單斜晶系。
解理、斷口	完全解理 {001}，梯狀斷口；易彎曲的。
產地	蛭石是與基性岩（輝石岩，橄欖岩）和富含黑雲母（或金雲母）的花崗岩的接觸蝕變礦物，也存在於碳酸鹽和富含鎂的變質石灰石裏。主要產地為：南非、美國、澳大利亞、中國、津巴布韋、巴西和俄羅斯。在法國，Saint-Illpize，聖普里瓦德拉貢（Saint-Privat-du-Dragon），聖塞爾格（Saint-Cirgues），西斯特里埃（Cistrières），阿澤拉（Azérat）（上盧瓦爾省），阿爾蒙萊瑞涅（Almont-les-Junies）（阿韋龍），Rouez（薩爾特），蒂內埃河畔聖索弗（Saint-Sauveur-sur-Tinée）（阿爾卑斯濱海省）。
詞源	蛭石 vermiculite 來源於拉丁語 "vermiculus"，小蠕蟲，喻為脱落水晶。
幾乎到處可用	蛭石是屬於蒙脱石綠土類中的黏土（參閱説明）。溫度達到870℃以上時，蛭石就失去水份並片狀脱落；其體積可能增大超過3000%！這種材料剝離後很輕，屬惰性，有防火和氣味傳感功能。它有多種用途：製造高溫模具、隔離建築物、包裝等。

符山石
（achtragada，
俄羅斯）

符山石（貝萊孔布，奧斯塔，意大利）

符山石（Lago
Chago，
墨西哥）

符山石

符山石（阿里恰，意大利）

≡≡≡ 類別9B：矽酸鹽，儔矽酸鹽

🧪 分子式：Ca₁₀（Mg,Fe）₂Al₄（SiOJ₅（Si₂O₇）₂（OH,F）₄

分子式：$Ca_{10}(Mg,Fe)_2Al_4(SiOJ_5(Si_2O_7)_2(OH,F)_4$

🔺 比重：3.3至3.4

◼ 硬度：6-7

顏色、透明度 光澤度	無色、白色、黃至棕色、藍色、紫色、粉紅色、紅色，綠至黑色；透明至半透明；玻璃光澤、樹脂光澤。
晶形、晶系	柱形實心，晶體呈針狀和棱柱形，晶體通常為雙錐，有條紋和矮粗的；四方晶系。
解理、斷口	無明顯解理，貝殼狀至梯狀斷口。
產地	符山石存在於矽卡岩、火山石灰岩、超鹼性岩和蛇紋岩。傳統產地有意大利（維蘇威火山、阿里恰、將阿拉和法薩），瑞士（採爾馬特），挪威（阿倫達爾），俄羅斯（茲拉托烏斯特），巴基斯坦（俾路支潭），加利福尼亞州（Crestmore），加拿大（石棉），以及最近在馬里。法國：Costabonne、呂茲納克（Luzenac）、歐爾山谷（vallée d'Aure）、比利牛斯山（Arbizon，Salau）、Fumade（塔恩省）、Chessy（羅納省）、卡納里（科西嘉島）、拉翁萊塔普（Raonl'Étape）（孚日省）等。
詞源	符山石 vésuvianite 來源於意大利維蘇威火山。
島狀還是 雙島狀？	符山石的結構是由島狀和雙島狀矽酸鹽同時組成的，但符山石被歸於雙島狀矽酸鹽。礦物學家已經決定，在這種雙重性情況下，因歸類於結構最複雜的子類中，因而府山石被歸為9B類。

磁黃鐵礦上的藍
鐵礦（奧德省薩
爾西尼礦山）

白雲母

白雲母上的藍鐵礦
（Lavra Gigana Galileia，巴西）

藍鐵礦（阿達
馬瓦大區，
喀麥隆）

藍鐵礦

類別8：磷酸鹽

分子式：$Fe_3(POJ_2 \cdot 8(H_2O)$

比重：2.68

硬度：1.5-2

藍鐵礦（阿達馬
瓦大區，喀麥隆）

顏色、透明度 光澤度	無色、淡綠至深綠、藍綠至靛青，黑色；透明至半透明；玻璃光澤至無光澤（當它是土質地）。
晶形、晶系	實心，結核狀，土質；晶體呈長條、扁平狀或花瓣形；單斜晶系。
解理、斷口	完全解理 {010}；土狀斷口。
產地	藍鐵礦存在於變質熱液礦床或偉晶岩中，也存在於沉積物、各種貝殼化石和骨骼中。主要產地有：聖阿格尼絲（英格蘭），黑根多夫（巴伐利亞州），特雷普查（科索沃），奇瓦瓦州（墨西哥），刻赤（烏克蘭），加利萊亞（巴西），拉拉瓜和波波（玻利維亞），足尾（日本），一些大塊的晶體來自阿達馬瓦大區（喀麥隆）。在法國的產地有：Montmins（阿利埃省），普呂默蘭（莫爾比昂省），薩爾西尼（奧德省），Saint-Yrieix（上維埃納省），蓋相思內角（諾爾省），克朗薩克（阿韋龍省），Pacaudière 和裏卡馬裏（盧瓦爾省）等
詞源	藍鐵礦vivianite來自約翰亨利維維安（1785~1855），科爾諾河——威爾士的工業家、政治家。
注意這敏感 的礦物	藍鐵礦見光會失去光澤，因為在表面上的鐵會氧化成三價鐵並變暗。儲藏藍鐵礦必須非常小心。我們在喀麥隆阿達馬瓦大區的多滂窪地發現了一些數米大的玫瑰紅形晶體，玻利維亞瑰麗的藍鐵礦晶體也征服了眾多收藏家。

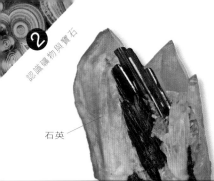

黝銅礦

石英

石英

石英上的黑鎢礦
（Mondo Nuevo，秘魯）

石英上的含黝銅礦的鎢錳礦
（Mondo Nuevo，秘魯）

黑鎢礦
（波西米亞）

螢石

黑鎢礦

種類：鎢錳礦，鎢鐵礦

黑鎢礦和螢石
（Karaoba，
哈薩克斯坦）

≣≣ 類別4：氧化物和氫氧化物

🧪 分子式：$(Fe,Mn,Mg)WO_4$

▲ 比重：7.1-7.2（鎢錳礦）；7.6（鎢鐵礦）

▰ 硬度：4 -4.5

顏色、透明度 光澤度	黑至深棕色（鎢鐵礦）；棕黃至黑色，甚至深紅色（鎢錳礦）；透明 至半透明（鎢錳礦），不透明（鎢鐵礦）；金屬、釉質光澤。
晶形、晶系	實心，層紋狀晶體，晶體長條狀、有條紋、或短粗狀、台狀單斜 晶系。
解理、斷口	完全解理 {010}；梯狀斷口。
產地	黑鎢礦存在於高溫熱液礦床、偉晶岩和沖積層中。傳統產地有德 國（PechteLsgrün 和 Zinnwald），捷克共和國（Horrri Slavkov），羅馬尼亞（巴亞斯普列），葡萄牙（帕納什凱拉），秘魯（帕斯托 布埃諾，蒙多新和胡寧），玻利維亞（波托西），中國（湖南多俁 山），韓國（Tae wha），烏干達（Kirva）。在法國，著名的產地有 Puy-les-Vignes Chanteloube（上維埃納省），Montmins（阿列），Montbel-leux（伊勒 - 維萊訥省），Enguialès 和波美（阿韋龍），Valcroze（洛澤爾省），等等。
詞源	黑鎢礦 wolframite 來源於德語 "狼" wolf 和 "朗姆" ralm，字面意思 是 "狼的泡沫"。
紅色和黑色	黑鎢鐵礦不像鎢錳礦那樣吸引眾多的收藏家。秘魯最近出產了美 麗的暗紅色、台狀的和棱形的晶體。法國盛產鎢礦。但在20世紀 80年代，由於中國大量的生產，法國的礦區被迫關閉。

鉬鉛礦（聖盧
西亞，洛澤爾）

鉬鉛礦（赤雲，
亞利桑那）

螢石

鉬鉛礦和螢石（Lantignie，羅納）

鉬鉛礦

相關種類：鎢鉛礦

≡≡≡ **類別7**：硫酸鹽

⚗ **分子式**：$PbMoO_4$

△ **比重**：6.5 -7

▽ **硬度**：2.5-3

鉬鉛礦（亞利桑那）

顏色、透明度 光澤度	黃至紅至棕色、黃至灰色、淺綠色至淺藍色，無色；透明至半透明；樹脂光澤至釉質光澤。
晶形、晶系	層紋狀實心，晶體呈台狀，雙錐體或立方形。立方晶系。
解理、斷口	清晰解理 {011}，梯狀至貝殼狀斷口。
產地	鉬鉛礦存在於鉛礦床氧化帶，尤其在沙漠性氣候中。最著名的產地有亞利桑那州（紅雲，老尤馬），墨西哥（奇瓦瓦，馬皮米），納米比亞（楚梅布），摩洛哥（米葡拉丁，Toussit），剛果（姆富瓦提），伊朗（Tchah Kharboze）和奧地利（布萊貝格）。在法國的產地有：萊斯法爾熱（科雷茲省），農特龍（多爾多涅），阿利尼（莫旺），萊瑟薩爾特（加爾省），聖盧西亞（洛澤爾省），Maxomchamps（孚日省），帽加龍河（瓦爾省），Ière（Challanches，Oisans），謝爾西，Lantignie 和 Ardillats（羅納省），Pacaudière（盧瓦爾河）等。
詞源	鉬鉛礦 wulfénite 來源於奧地利礦物學家的名字 Franz Xavier von Wulfen（1728~1805）。
鉬礦	開采鉬鉛礦往往為了獲得鉬礦（參閱輝鉬礦說明）。但它發亮、橙色至紅色的晶體也備受追捧，赤雲（亞利桑那州）就是經典的鉬鉛礦礦區。其等同物——稀有的鎢酸鹽，屬於鎢鉛礦 $PbWO_4$，它能形成相同的晶體，但顏色更黃，聖盧西亞礦（洛澤爾省）出產了其瑰麗的標本。

經加工的各種顏色的鋯石
（斯里蘭卡）

加工過的蛻晶質褐色鋯石
（15克拉，斯里蘭卡）

片麻岩裏的粉紅
色鋯石晶體（琴
托瓦利，瑞士）

釷石（貝塔石，
馬達加斯加）

鋯石單晶
（馬達加斯加）

鋯石

類別9A：矽酸鹽，島狀矽酸鹽

分子式：$ZrSiO_4$

比重：4.6-4.7（釷石）變成蛻晶質的時候會縮小

硬度：7.5

顏色、透明度 光澤度	棕至紅色、無色、淺黃色、灰色、灰至綠色（蛻晶質的狀態下）、藍色（加熱時）；透明至不透明；釉質光澤。
晶形、晶系	實心，細粒狀；晶體通常是台狀或棱柱形；四方晶系。
解理、斷口	不明晰解理{110}，梯狀斷口。
產地	鋯石存在於花崗岩、偉晶岩和變質岩以及它們的沖積物中。主要礦區有：烏拉爾（Miask），澳大利亞（Mud Tank），挪威，加拿大安大略省和馬達加斯加（通常是蛻晶質的），斯里蘭卡（寶石），喜馬拉雅山脈和阿爾卑斯山。在法國，鋯石是很常見的，尤其是在上盧瓦爾省、康塔爾省和多姆山省，在阿韋龍，塔恩、比利牛斯山脈、布列塔尼，瓦桑等地也有出產。鋯石還產於巴西，塔吉克斯坦，瑞士和斯堪的納維亞半島磷釔礦。
詞源	鋯石 zircon 來源於阿拉伯語 zorçûn，意為"橘紅色"。
晶體還是 非晶體！	鋯石與水矽鈾礦（$USiO_4$）和釷（$ThSiO_4$）是屬於同系的。它可能具有放射性，並變成蛻晶質：非週期的原子結構。如果這樣的鋯石保持它們的晶體形態，它們的原子結構會分解成網狀的二氧化矽（cillions）和氧化鋯（ZrO_2）。該鋯石必須與仿製鑽石的氧化鋯區分開來。

兩個角度下的閃光黝簾石晶體
（Achubi Shigar，巴基斯坦）

錳黝簾石戒面（45克拉，挪威）

彩色黝簾石呈現
了兩種顏色（20
克拉，挪威）

黝簾石
（阿魯沙，坦桑尼亞）

紅寶石

黝簾石和斜黝簾石

種類：坦桑石，黝簾石，錳黝簾石

≣≣ 類別9B：矽酸鹽，儔矽酸鹽

🧪 分子式：Ca₂Al₃(SiO₄(Si₄O₇)O(OH)

$Ca_2Al_3(SiO_4(Si_4O_7)O(OH)$

🔺 比重：3.1-3.4

硬度：6-7

黝簾石：綠色黝
簾石和大紅寶石
的大晶體（坦桑
尼亞）

顏色、透明度 光澤度	無色、白色、灰色、棕色、淺綠色、淺灰綠色、粉紅色、藍色，紫色；透明至半透明；玻璃光澤。
晶形、晶系	實心，晶體呈針狀或矮粗狀，有條紋；斜方晶系或單斜晶系（斜黝簾石）。
解理、斷口	完全解理 {010}；梯狀至貝殼狀斷口。
產地	黝簾石存在於區域變質岩中，有時存在於富含鈣的接觸面或高壓下（榴輝岩）。另外，也存在於熱液礦脈中。主要產地有：坦桑尼亞（阿魯沙附近坦桑），肯尼亞（黝簾石），挪威（錳黝簾石），瑞士，奧地利，印度，巴基斯坦和美國（華盛頓）。在法國，人們能在上盧瓦爾（聖伊爾皮茲），在比利牛斯（Costabonne 和 Caillau）找到它，也能在 Salau 和呂茲納克以及莫爾比昂一些海灘上找到。
詞源	黝簾石 zoïsite 來源於斯洛文尼亞自然學家 Sigmund Zois Freiherr von Edelstein（1747-1819）的名字。
色彩迷人的 寶石	黝簾石是一種美麗的石頭，由綠黝簾石鉻鐵礦和紅寶石組成。該錳黝簾石是一種含錳的橙粉色黝簾石，然而最受賞識的當數坦桑石。其原本呈紅棕色，加熱至600℃後變為深紫藍色。該熱處理是必要的，並且是合法的。

片沸石（法羅群島）

輝沸石（聖貝阿‧比利牛斯山）

鈉沸石（Puy-de-Marmant，多姆山省）

沸石

片沸石（冰島）

種類：菱沸石，片沸石，輝沸石，鈉沸石等。

類別9G：矽酸鹽，網矽酸鹽

分子式：$Na_aCa_bMg_cBa_dK_eAl_f(Si_gO_h)\cdot i(H_2O)$ a-i 是表示1-18之間數字

比重：2-2.3

硬度：3.5-4（片沸石，輝沸石），3-5（菱沸石），5-5.5（鈉沸石）

顏色、透明度光澤度	無色、白色、灰色、黃色、棕紅色，橘紅色。透明至半透明。玻璃光澤。
晶形、晶系	實心，立方體晶體（菱沸石），台狀晶體（輝沸石），或者長針狀除纖維的或束狀晶形（所有種類）。三方晶系（菱沸石），斜方晶系（鈉沸石），單斜晶系（片沸石，輝沸石）。
解理、斷口	完全解理 {010}（片沸石，輝沸石），完全解理 {110}（鈉沸石）。梯狀貝殼狀斷口。
產地	沸石來源於變質的火山岩石晶洞，也來源於沉積物。最漂亮的晶體主要來自印度（浦那，等），冰島、蘇格蘭、加拿大、美國、意大利等。在法國，產於埃斯帕利翁（阿韋龍省），Puy-de-Marmant（多姆山省），Oisans（伊澤爾省）和 Lauzière（薩瓦省），Aure 山谷（比利牛斯省），等。
詞源	沸石 zéolite 來源於希臘語 zeo 和 lithos，意為氣泡的石頭。

鈉沸石
（帕特森，美國新澤西州）

菱沸石和方解石
（聖卡塔琳娜州，巴西）

輝沸石和魚眼石
（馬哈拉施特拉邦，印度）

種類	沸石的附屬群種很多，其中最重要的是：

沸石的附屬群種很多，其中最重要的是：
* 菱沸石
* 片沸石
* 鈉沸石
* 輝沸石

菱沸石
（Leimeritz，波希米亞）

很多其他種類的沸石結構非常的獨特，因此它們不能被歸入這些種類，比如杆沸石、古柱沸石、鍶沸石等。

葡萄石、針鈉鈣石、魚眼石（參閱此礦物說明）與沸石相關：人們經常把它們錯當成沸石。水矽鈣石（$Ca_3[Si_6O_5]\cdot6H_2O$）（尤其是自印度浦那的）也常被混淆為沸石，事實上，它是鏈矽酸鹽。

如果說自然界中存在40種沸石，那麼有近200種沸石則是被人工合成的。由於沸石是一種具有吸附性的多孔礦物，它們被大量用於製造催化劑、洗滌劑以及用於水淨化。

最後要提到的是一種非常危險的天然沸石：毛沸石，其成分為（Na_2,K_2,Ca）$_2Al_4Si_{14}O_{36}\cdot15H_2O$。 种沸石能形成類似石棉（參閱此礦物說明）纖維的纖維，它是一種高致癌物。人們發現安那托利亞高原（土耳其）惡性肺癌的發病率非常高，在那裏的火山凝灰岩裏存在這種沸石。儘管毛沸石沒有被歸為石棉，但它仍是對人類最有害的礦物之一，而且很少被人熟知。

非常稀有的礦物	沸石晶體備受博物館和收藏家的青睞

沸石晶體備受博物館和收藏家的青睞，人們在變質火山岩中尋找沸石晶體。中國出產世界上三分之二的工業沸石（即共3噸），其他國家則遠遠落後，如韓國、日本、約旦、土耳其、斯洛伐克和美國。

實用指南

—延引閱讀—

- Dictionnaire de géologie，A Foucault et J.-F. Raoult, Dunod, 7e éd.
  （2010）.

- Sur les sentiers de la géologie, A. Foucault, Dunod（2011）.

- Larousse des minéraux, H. -J. Schubnel, Larousse（1981）.

- Minéraux remarquables, J.-C. Bouilliard, Le Pommier et BRGM
  （2010）.

- Le cristal et ses doubles, J .-C. Bouilliard, CNRS Éditions（2010）.

- Guide Delachaux des minéraux, O.Johnsera, Delachaux et Niestlé.

- Ce que disent les minéraux, P. Cordier et H. Leroux, Belin Pour la
  science（2008）.

- Inventaires minéralogiques,（une douzaine de déparements）,
  BRGM.

- Larousse des pierres précieuses, P. Bariand etJ.-P. Poirot, Larousse
  （2004）.

- Guide des pierres précieuses, pierres fines et ornementales, W.
  Schumann, Delachaux et Niestlé,14 éd.（2009）.

—網站—

- www.geopolis.fr：法國聯盟地球科學角色的門戶網站

- www.mineral-hub.net：博物館名單，銷售，購買……

- www.brgm.fr：地質和礦業研究局網站

- www.museum-mineral.fr：礦物學長廊。

- www.musee.ensmp.fr：ParisTech礦物彙集（前巴黎國立礦物高等院校）

- www.amis-mineraux.fr

- www.mineralogie.org：礦物學門戶網站

- www.gemmes-infos.com：關於寶石學

英文網站

- www.webmineral.com和www.mindat,org: 所有礦物的細節，常常用英語。

- www.minsocam.org/msa/collectors-corner：美國礦物協會為收藏者創立的網站

- www.mineralogy.eu：礦物學歷史虛擬博物館

──雜誌和期刊──────────────

- **Le Règne minéral（www.leregnemineral fr）**
  Minéraux et Fossiles（2010年合併）參閱公司公告尤其是SAGA information（www.saga-geol.asso.fr）和 micromonteurs 雜誌（www.micromonteurs.fr）.

- **Degemmologie 雜誌**
  Le « Cristallier suisse »（"瑞士水晶雕刻工"）（www.svsmf.ch）
  同時提及雜誌 Lapis 和 Mineralien Welt（德國），Rivisita mineralcpca italien（意大利），The Mineralogical Record 和 Cents & Gemology 。

──協會──────────────────

- 業餘地質學者聯誼會（SAGA）：
  www.saga-geol.asso.fr

- 法國業餘礦物學和古生物學聯合會（Fédération française amateur de minéralogie et paléontologie）：
  www.ffamp.com

- Micromonteurs：
  www.micromonteurs fr

- 法國微礦物學協會（Association Française de microminéralogie）：
www.micromineral.org

- 霞慕尼礦物學俱樂部（Club de minéralogie de Chamonix）：
www.mineralogie-chamonix.org

比利時

- 比利時業餘地質學協會：www.agab.be

- 比利時礦物學和古生物學中心：www.cmpb.net

瑞士

- 沃州礦物學會：www.svm.ch

- 瑞士水晶雕刻工協會：www.ascmf.ch

- 日內瓦礦物學愛好者協會：www.lasgam.ch

- 查看協會的完整列表
www.mincral-hub.net/club-minereaux-fossiles-association-gcologie.
html

──寶石學機構和學校──

- 寶石學研究所：www.gemtcchlab.ch

- 法國寶玉石協會：www.afgemmologie-lyon.fr

- 法國寶石實驗室：www.laboratoire-gemmologie.bjop.fr

- 法國珠寶首飾，銀器寶石和珍珠聯盟（BJOP）：www.bjop-francc.com

- 南特寶石學：www.gemnantes.fr

比利時

- 比利時業餘地質學家協會：www.agab.be

- 比利時礦物學與古生物中心：www.cmpb.net

- 比利時寶石學校協會（AGB）：www.agb-onlinc.be

- 比利時寶石公司：www.gentmology.be

瑞士

- 瑞士寶石協會：www.gemmologie.ch

- 瑞士寶石學院（TESS）：www.sscf.ch

- 寶石實驗室：www.gemtechlab.ch

加拿大

- 加拿大寶玉石協會：www.canadiangemmological.com（英文）

- 蒙特利爾F.cole寶石：www.ecoledegemmologie.com

——博物館——

- 看一個列表：www.mincral-hub.net/musces-mineraux-fossiles.html

國家博物館

- 巴黎自然歷史博物館，（然後導航）和礦物學虛擬畫廊國家博物館：www.muscum-mineral.fr

比利時

- 布魯塞爾，自然科學皇家理工學院：www.sciencesnaturelles.be

- 盧森堡，國立自然歷史博物館：www.mnhn.lu/recherche/geomin

加拿大

- 渥太華：加拿大自然博物館：www.nature.ca

- 多倫多皇家安大略博物館：www.rom.on.ca

學術和技術博物館

- 巴黎，巴黎國立高等礦物院校收藏，巴黎礦業技術：www.musee.ensmp.fr

- 巴黎，索邦大學收藏品和索邦大學收藏品夥伴，加希耶：www.amis-mineraux.fr

- 斯特拉斯堡大學：www.mms.u-strasbg.fr

- 克萊蒙費朗大學：www.obs.univ-bpclermont.fr/lmv/collection

- 強麥礦業學院 www.mines-ales.fr

- 雷恩大學：www.geosciences.univ-rennesl

比利時

- 布魯塞爾自由大學：www.bruxellespourtous.be/ Musee-de-mineralogie-et-geologie.html

瑞士

- 洛桑州博物館，洛桑大學主辦：www.unil.ch/mcg

加拿大

- 魁北克拉瓦爾大學，博物館處：www.ggl.ulaval.ca

- 塞特福德礦（魁北克）礦物學博物館：www.museemineralogique.com

自然歷史博物館

- 這裏有一個列表，並非詳盡無遺——博物館與礦物學的展覽：

- 圖盧茲：www.muséum.toulouse.fr

- 格勒諾布爾 www.museum-grenoble.fr

- 克萊蒙費朗（亨利-Lccocq博物館）：www.clermont - ferrand. fr

- 里昂：www.museedesconfluences.fr

- 南特：www.museum-nantes.fr

- 土倫：www.museum-toulon.fr

- 歐坦 www.autun.com

- 尼斯 www.mhnn.org

- 里爾：www.mairie-lille.fr

- 馬賽：www.museum-marseille.org

- 第戎：www.dijon.fr

- 勒芒，綠色博物館：www.lemans.fr

- 博物館區，Val d'Argent：www.musres-valdargent.fr

- Terrae Genesis：：www.terraegenesis.org

- 夏蒙尼晶體博物館：www.chamonix.com

- 阿爾卑斯山礦物質和動物博物館：www.musee-bourgdoisans.com

比利時

- Tervuren，中非皇家博物館：www.africamuseum.be

瑞士

- Bâle：www.nmb.bs.ch（德語）

- 日內瓦，市博物館：www.ville-ge.ch/mhng

- 伯爾尼州博物館：www.nmbe.ch（德語）

礦業博物館

- 在法國礦業博物館的數量達一百多，其中絕大多數都集中在煤炭方面。我們可以在géopolis找到一個可參觀的博物館列表，其中有：

- 國館，聖瑪麗奧米內：www. musees - valda rgent, fr

- 加龍河海角礦物博物館：www. mine -capgaronne. fr

寶石學博物館

- 國立自然歷史博物館，巴黎，**www.mnhn.fr** 和礦物學的虛擬畫廊：www.museum-mineral.fr

- 巴黎，巴黎國立高等礦物院校收藏，巴黎礦業技術：www.musee.ensmp.fr

- 盧浮宮，阿波羅長廊：www.louvre.fr

- 裝飾藝術，巴黎：www.lesartsdecoratifs.fr，然後導航到珠寶畫廊。

- 國家圖書館，獎章陳列室：www.bnf.fr

- 吉梅博物館，亞洲藝術：www.guimet.fr

- 國家文物博物館，聖日耳曼昂萊：www.musee-archeologienationale.fr

- 尼斯－馬塞納博物館：www.musee-massena-nice.org

- 管道和聖克洛德鑽石博物館：www.musee-pipe-diamant.com

- 聖克洛德煙斗和鑽石博物館：www.musee-pipe-diamant.com

比利時

- 安特衛普鑽石博物館：www.diamondmuseum.be

- 布魯日鑽石所：www.diamondhouse.net

圖書館和學術團體

- 地方博物館和大學圖書館有用於查看小成本主要雜誌和舊書籍和科學數據庫。（疑漏譯）

- 以前的條約，至1900年（大約）都是免版稅，並已轉為數字化在下列網站：www.gallica.bnf.fr, www.curopcana.cu www.archive.org。

- 法國礦物學和晶體協會（SFMC），組織會議和專業人士之間的其他事件（www.sfmc-fr.org）.

比利時

- 比利時皇家美術學院，晶體分部：www.acadcmicroyale.be

瑞士

- 瑞士礦物岩石協會：www.ssmp.scnatweb.ch

- 瑞士結晶學協會：www.sgk-sscr.ch

加拿大

- 加拿大礦物學協會：www.mineralogicalassociation.ca

——非法語的國家——

必須一遊的博物館：

- 倫敦自然歷史博物館擁有很多礦物寶石，開設了3個長廊，十分壯觀。藏品主要來自英語區，但也有一些來自法語區。

- 德國的弗萊貝格礦業學院（BergAkademie，位於德累斯頓附近的薩克森）剛剛舉行了一個新的樣品，展示了德國的榮耀，附近還有很多地區博物館。

- 羅馬的自然博物館

- 在北美，受益於一些基金會對文藝的資助，礦物收藏在幾年間登上了世界前列。例如在華盛頓的史密森學會，每年有800萬遊客參觀其寶石和礦物質展覽廳。這個例子說明，礦物也可以如"蒙娜麗莎"畫像般能吸引很多人。在紐約、多倫多、洛杉磯、休斯頓、丹佛以及哈佛大學（和許多其他地方），都能欣賞到一些非凡的收藏品。

- 一些俄羅斯的小型博物館（例如克里姆林宮鑽石商基金、Fcrsman博物館）

- 維也納自然歷史博物館

- 布拉格NARODNI博物館，等等，僅舉幾例。

術語彙編

藍藻：藍藻是自從 38 億年前就已經存在的微生物，它們能進行光合作用，形成石灰質結核，被稱為疊層石。

非晶：與晶體相反，非晶材料的原子、分子結構混亂，具有非週期性，如玻璃。

生命生成的：生物的，有生命的。

地殼：地球固體地表構造的最外圈層，由大陸地殼（厚度為 15-80 千米）和大洋地殼（厚度為 5-7 千米）組成。

成岩作用：各種物理化學（脱水作用、固結作用、溶解）和生物化學過程把沉積物轉變成沉積岩的過程，其發生的深度較低（壓力和氣溫不高）。交代作用是成岩作用的最早期階段，礦物被其它物質替代。

重折：雙折射。折射率隨礦物中光線的傳播方向而變化。

酸性礦井廢水：含有礦物微粒的酸性溶液，通常呈橙色至褐色，從礦物坑道中流出，通過氧化作用形成硫化物殘渣。

侵蝕：岩石分解過程的總稱，會引起地形變化。

蒸發岩：由正在蒸發的溶液沉澱而形成的岩石，如鹽、鉀肥、石膏等。

二價鐵、三價鐵：鐵的氧化還原作用的特殊狀態，二價鐵較金屬鐵的氧化程度高，較三價鐵的氧化程度低。

阿爾卑斯山礦化斷口：阿爾卑斯山形成時由熱液作用引起的礦化裂縫，其他新生山脈熱液作用也會形成礦化裂縫，其中通常含有豐富的礦物。

地質多樣性：礦物、岩石、礦化物的形成、存在、毀滅現象的各種形態。

熱液作用：高溫高壓的水變質、溶解或沉澱某些礦物。

包體（流體）：被包含在一種礦物裏的材料，某些流體包體由水，甚至沼氣構成。

折射率：光在真空中的速度與光在該材料中的速度的比率。

無機的：非有機的，即在碳和氫之間不含有化學聯繫。

地幔:介於地殼和地核之間的部分,深度為 30 至 3000 千米。

變質作用:岩石中不穩定礦物的再結晶,從而形成新的礦物。

氧化作用:通過失去電子形成氧化狀態的化學反應。金屬鐵通過氧化作用變成二價鐵,繼續氧化會變成三價鐵。氧化作用的反面是還原作用。

氧化還原作用:供給者(氧化)與接受者(還原)之間交換電子的化學反應。

週期性的:原子對稱性的反復不斷地組合。反義詞:非週期性的。

多色性:晶體根據觀察角度不同而呈現出不同的顏色,如堇青石具有二色性,從藍色到黃色。黝簾石則可從黃色轉變成藍色,再變成紫色(具有三色性)。而大多數的礦物都不具備明顯的多色性。

放射性:某些原子(不穩定同位素)通過發出射線自發裂變成為穩定同位素的現象。α 射線:氦原子,β 射線:電子或正電子,高頻率的電磁射線。

鹽:同時由金屬離子和非金屬離子,如硫酸鹽和鉛構成的化學合成物。包括食用鹽和海鹽,即氯化鈉或岩鹽。

二氧化矽:矽的所有氧化物,或多或少地經過水合作用,如石英和瑪瑙。

俯衝:大洋地殼在進入地幔之前陷入到大陸地殼之下的地質構造過程。

半金屬的:某些非金屬礦物具有類似金屬礦物的屬性。如金紅石具有半金屬光澤。

同步加速器:非常強烈地放射 X 射線用以探測原子和分子的儀器,其精密度遠超傳統的礦物學儀器。在法國有兩台同步加速器,位於薩克萊和格勒諾布爾,在瑞士蘇黎世附近有一台,加拿大的薩斯卡通有一台。

無所不在的礦物:指在各種不同的環境下都能形成的礦物,如黃鐵礦和方解石。

索引